菁英商學院教材

商業簡報SOP

瑞昇文化

開頭

你說的話能打動人嗎？

STORY

小菅優香，為了準備公司內的企劃大會而接受指導

小菅優香是位任職於向網路上各種消費者推展服務的Emerging公司的年輕職員。Emerging公司每年都會舉辦由員工推出新企劃的比賽，小菅也和平時常有接觸的同僚組成了隊伍報名參加。

隊員的關係相當合拍，對企劃相關的討論非常熱烈。討論出來的企劃案有插花、茶會、和服試穿等活動，在舉辦活動的同時，也在網路上進行相關商品的販賣和租借。由於成果相當令人滿

意，所以比賽用的發表資料也製作得相當順利。

在大會上，隊伍要推派一人為代表，在評審和前來觀看的職員面前進行簡報，而小菅便是負責報告的人。小菅本身是開發部，平常的工作中沒什麼機會在眾人面前發表談話，對於簡報甚至感到有點害怕。可是，其他隊員似乎也有相同的想法，因而這燙手的山芋，最後還是落到了個性認真又溫和的小菅手上。「能不能順利地發表呢？」，雖然懷著不安的情緒，但考慮到將來的升遷，或許把它當成一次機會藉此累積簡報的經驗也不錯。在這樣的想法下，最終還是接受了這個任務。

大會將近前一周，某天，從隊內的同僚，營業部的和田真由美口中聽見了這樣的話：

「我問了問其他隊伍，聽說簡報相當講究唷！還會用到小工具或是影像的樣子！」

「真的嗎？聽你這樣講我開始不安了呢。」

「優香沒問題的啦！不過，要是不安的話，麻煩我部門裡的前輩寺岡大哥幫忙看看如何？寺岡大哥的簡報在營業部的評價非常好唷，而且又很好拜託。」

「這樣絕對會比較好呢！可以麻煩他嗎？」

於是立刻就拿晚上空下來的會議室進行了簡報預演。聽眾則是和田以及她所邀請的，營業部的寺岡彰宏。

「百忙之中還抽空前來真的非常感謝，請多多指教。」

聽到小菅前來搭話，寺岡相當爽快地回答：

「完全不用介意喔！居然能讓我在正式比賽前先看到，很期待呢！」

簡報時間為十分鐘，然而等到預演正式開始時，卻比想像中還來得更加緊張，並且有好幾次吞吞吐吐的情況，但小菅心裡感覺，總算是沒有出什麼大問題順利地進行到了最後。

「您覺得如何呢？請不要客氣，說說看吧！」

雖然寺岡在聆聽期間始終保持著溫和的表情，但接著說出口的話卻非常地嚴厲：

「是這樣啊……我覺得相當可以理解企劃的內容，只不過，以簡報的意義來說，嗯，怎麼說呢，不過不失嗎？你們啊，難得參加了比賽，所以應該也想獲得優勝吧？直接了當的說，這個企劃跟其他企劃放在一起，能得到最多的票嗎？若要說讓評審覺得『好，就是它！』的話，不是有點微妙嗎？感覺像是在小學的國文課中，被點名起來朗讀教科書的學生一樣。現在這樣的話，或許就只能作為眾多隊伍的其中一支而告終了呀！」。

心裡還在想著，大概會是聲音的大小或是視線移動的方式這類具體指摘的小菅，卻受到了預料之外抽象的指摘，一時之間不知所措。況且，還是那種重點被人一語道破般的指摘，這也讓她非常震驚。眼看小菅僵在原地，和田趕緊出來解圍。

「要表現出更多像是熱情之類的感覺會比較好，是這個意思嗎？」

「嗯—，雖然確實也有這方面的問題。不過，我覺得小菅的內心也並非沒有熱情。」

「沒錯，只是稍微還有點不習慣而已喔！」

「但是真由美，我覺得這樣下去果然還是不行。寺岡大哥，如果有需要修正的地方那我無論如何都想改進，所以拜託你了。」

「這類的簡報是第一次嗎？具體來說怎麼才能打動聽眾，想憑三言兩語就指出來是相當困難的。首先，百聞不如一見！瞧瞧自己簡報時的模樣很不錯唷。和田小姐，營業部的備品裡有攝影機吧？用那個一邊攝影，再試一次看看吧！」

不管是誰，都在追求提高簡報本領的時代

回顧過往，我想再也沒有哪個時代，像現在這樣讓一般生意人追求著熟悉簡報技術的。

在裝潢豪華的幹部辦公室裡，對著眼前表情嚴肅的幹部們，一邊用投影機投影著數十頁的PowerPoint資料一邊進行報告，而這將會決定主要的交易走向…這裡所說的簡報，即所謂的『簡報』，並非只侷限於這種重量級的場合。在上司也參與的部門內部討論中，進行新企劃的提案；聚集相關部門的人，來說明新措施的概要；在客戶匯集的簡單研討會中，進行幾十分鐘的演講……等等。倒不如說，連在極為日常的情景中，這種運用簡報技巧來與人溝通，促成對方的決策或理解的局面，看起來似乎也在增加。

其中一個背景因素，是以IT為首的科技有所進化之故吧！

電腦和投影機的輕量化，使得運用PowerPoint或Keynote這類程式製作出來的美觀資料，無論在何時何地都得以展示。而網路的高速化，則將已故的史蒂夫・賈伯斯，或是歐巴馬總統這種『擅於簡報』的模樣，以影像來傳輸出去，使得理想演講的形象深植在眾人心裡。其中尤其顯著的例子便是「TED Talks」吧！在技術或設計的領域中，一個人將自己擁有的出色想法，在短時間的演講內來傳達、啟蒙聽眾，而這種會談內容，作為可以免費收看的影像公開，一瞬間就傳遞到世界各地去。

不過，由於『演變成』得以頻繁地接觸到這種絕佳的演講，也有不少生意人在內心感覺到「傷腦筋啊」，不是嗎？想著「那麼厲害的簡報，自己是辦不到的啦！不可能、不可能！」、「希望能盡量不碰簡報的過下去啊！」等等。

然而，另一個背景因素，商業環境的變化，卻製造出了不管願不願意都必須進行簡報的情況，也有這樣的一個面向。

【圖表1】越來越講究提升「簡報」技巧的現代生意人

在行銷的情景中，追求的是大量生產、大量消費時代所無法想像的，開發細緻提案型的顧客，如今就算還只是新鮮人的行銷人員，也要在即時應付顧客需求的同時另寫產品資料，並在客人面前打開電腦進行說明及推銷。

全球化的進展，帶來了許多無法以高爾夫接待或是『邊喝邊談』，這種日本固有商業習慣來說服的客戶，也能看到在嫻熟MBA式思考方式的人們面前，以不熟練的動作與PowerPoint奮鬥著的上了年紀的生意人。而且，由於網路視訊會議一類的系統，與海外員工的面對面交談也變得容易。若是同為日本人的話，還能以「心領神會」的方式來傳達，但在全球化的環境下，不以「眼睛看得到的交流」來切確地傳達是不行的。

變化所及之處，並不僅限於行銷的情景。在其他方面，舉例來說像是IT或是生物科技這類高度技術，雖然可以製作出複雜性更高的產品，但其產生出來的東西，卻不是能以口頭在簡單地交流中就能轉達的，為了在牽連許多人的同時，按照開發時的印象來販賣產品，人們似乎被要求透過凝聚了許多苦心的簡報式技巧，預先將這最終型態完全正確地傳達出來。

以組織經營的方面來說，追求著「做事的價值」和「自我風格」，用舊有的上意下達式的溝通，不肯老實地去行動的部下，為了提高他們的幹勁，必須將職務的用意或是意義追溯到企業理念上，並用簡報式的溝通來傳達，以醞釀出共鳴來，也有許多經理被這麼要求著吧！

更進一步來說，若擔任了組織有領導性、代表性的職位，被要求演講、簡報能力的場面將會變得更加廣泛，並且會有巨大的影響力。舉例來說，作為IR[*1]活動的一環，向投資者進行簡報的這類情景有種完全定型的感覺，更何況這種場面會在分享影片的網站中，作為能被一般大眾所存取的事物傳播出去，並將會大幅左右組織的品牌印象。

*1：投資人關係(Investor Relations、IR)指上市企業與投資人間的關係。

以日常性簡報的活用為目標——本書的結構和特徵

儘管有這樣的狀況變化，實際進行簡報的生意人，其本身的技術、經驗值，則相當遺憾地讓人感覺似乎沒有得到多少提升。

筆者們透過經營的商學院以及企業進修的場合，有許多機會來聆聽生意人在「人前發表統整好的話題」。雖然嘴上說著對此感到棘手，但來聽「商務簡報」課程的人卻是絡繹不絕，但實際上，在課題發表等方面，能經常做出讓其他學員想著「原來如此」並認可其演講的學員，在20到30人的班級中，也只有寥寥數人。書店裡簡報相關書籍所佔據的空間，也能視作是反映出生意人不擅長簡報的現象吧！

本書是為填補這種落差，以GLOBIS在商學院和企業進修中，實施的「商務簡報」課程內容為基礎所寫成的。對象則是廣泛地一般生意人。而設想的則是在極為日常的簡報＆演講的場面中來活用。

如前所述，史蒂夫・賈伯斯或歐巴馬總統這種有著超凡魅力的重量級簡報，並不是誰都可以辦到。不過，我們認為在透過一定的思考流程、組織之後，不管是怎樣的生意人也好，都能在日常的簡報上有所提升。

以整體的結構來說，在第1章將會具體深入思考，對生意人來說應該視為目標的「好的簡報」，然後對此來解說實際準備簡報之際的基本思考方式。

而第2章到第4章則是順著簡報的準備階段，更加詳細地解說在各階段要注意哪些地方，應該進行怎樣的準備。按照此處介紹的原則來進行準備的話，即使是不習慣簡報或是抱持著不擅長想法的人也好，也能充分組織起跨過合格線水準的內容。

最後的第5章，則相對於之前的準備階段，解說實際登台時的心理準備和小技巧。市面上大多的簡報指南書，可以說主要都在解說這個部分。雖然本書也理所當然地會談到，但為了強調第2章到第4章的「準備流程」，特意將其控制在較為簡潔的形式。

此外，由於希望讓各位讀者能夠更有臨場感地閱讀下去，採取在各章的開頭放上「故事」的形式，來介紹實際進行簡報準備之際容易落入的陷阱。在各章中也會介紹一些生意人實際經驗過的失敗例子（各種設定皆替換成虛構的）。各位不也會想起一些經歷過的故事嗎？希望能以這些例子為鏡，來提升自己的簡報技術。

本書一心期盼能為眾多生意人消除對簡報的不擅長意識，並且希望做為後援，讓各位站在人前說話時，能有一種雀躍的心情。那麼，就讓我們從這裡開始吧！

菁英商學院教材　商業簡報SOP　目錄

CHAPTER

1

怎樣的簡報能打動聽眾？

STORY

一邊攝影一邊再次確認

由於寺岡的提案，一邊用攝影機由正面來拍攝簡報時的模樣，一邊再次進行排練。比起第一次預演，感覺上這次比較沒那麼緊張，也能夠去留意加入手勢，以及將情感蘊含在語調中。

馬上將拍好的影片拿來播放。10分鐘的簡報時間，對小菅而言卻是相當漫長。看完之後，寺岡開了口：

「如何？像這樣看著自己發表時模樣的感想？」

「很害羞呢。不過，可以清楚理解寺岡先生所說的『沒有像要訴說什麼的感覺』了。」

「嗯，但是比起一開始已經好很多了唷。」

「我自己也是想要在放入情緒的部分多做留意的。雖然確實在各個部分都有類似的表現，但是以整體的印象來說，果然還是沒什麼衝擊力啊。沒有那種很有趣、來聽聽看吧一類的感覺呢。說真的，相當沮喪。怎麼辦啊？不能找人跟我換嗎？」

「妳在說什麼啊，如果優香沒辦法的話，其他人大概也都出局了。拿出自信來呀！」

「說到我進營業部第一次在客人面前簡報的時候呢，也是像這樣連續好幾天從正面拍攝影片，一邊看著影片一邊練習過來的。第一次看到自己簡報的模樣時，還是會想著，原來這就是『要是有個洞就想鑽進去』的感覺呢。但是，在簡報裡有著應該遵照的理論，要是規規矩矩地遵守的話，就能一瞬間有所改善唷。」

「好，我會努力的！」

「本來還有很多東西想教妳，但其實再過一會兒我就必須回到工作崗位上了。在這邊就把有即效性的部分合在一起說囉！關於這次的簡報，寫好講稿了嗎？」

「講稿嗎？不是指PowerPoint的投影片？」

「不，不是指PowerPoint。是指將口說的部分寫成文章。」

「呃，在每張投影片上，有把應該要說的重點，按各個項目做了筆記。」

「光靠那些就能順利地發表談話了嗎？」

「啊……，確實，或許是要當場斟酌出要說的字句，而變得有點著急了。」

「嗯，在當場思考話語而著急，不管怎樣都容易會變得結結巴巴呢。雖然也有這點，但事前不先想好原稿的負面因素，並非只有『變得結結巴巴』而已呢。妳覺得還有什麼？」

「負面因素啊……？是什麼呢？」

「就是沒辦法好好地完成演出，而往往淪為老套的單調展開這點。意思是說，像是以這樣的話題走向能引出聽眾的興趣啦，這種表達方式比較能留下印象啦，或是講得更細一點，在說這句話之前預留一點空間，製造出懸宕等等。本來在簡報時，這類的苦心是非常重要的，僅憑一條條列舉，在大腦中想像大致地進行方向，是很難有辦法做出這類具體的工夫的唷。」

「原來如此，的確，雖然事前準備時在腦海中大致想像過『用這種感覺來表達』，結果到了實際開口時，那些想法早就不知飛到哪裡去了。」

「沒錯，列舉水準的梗概就算掌握得再多，想著將具體的一字一句交付給現場的形勢，並憑這些就能妥善地帶來有意義的演出效果，若非相當厲害的即興發揮天才，或是橫越無數場次的老手是不可能的。這麼一來，就只有在事前連具體的用字遣詞都推敲出來，才有可能來迎戰了。」

「嗯，聽你這麼一說的確如此呢！」

和田從旁插了進來。

「但是寺岡大哥，作為口頭表達的輔助上，不是還有PowerPoint的投影片嗎？寫在那裡不就可以了嗎？」

「口頭無法說清楚的部分，在投影片上寫得詳細一點的這種想法，往往在不知不覺中就這麼做了，但大多卻沒什麼效果。在一張投影片上塞入太多文字，反而變得沒辦法傳達給對方了呢。」

「啊，有在簡報上看過字太小而看不清楚的投影片！」

「關於這點，剛才雖然提到了寫講稿，但說到只憑文字訊息聽眾就會有所感動嗎，並不完全是如此。就算說出了一句漂亮的話，但卻是小聲地嘀嘀咕咕地說會不太好吧？寫好講稿與實際登台，這兩者是必須兼具的。」

「原來如此。」

寺岡瞥了一眼手表後：

「那就這樣，接下來的就當回家作業。再看一次影片，這次要試著分析具體的內容組織，以及關於各部分的表達方式要怎麼做才會比較好？然後，以這份分析為基底，試著寫寫看講稿。如果沒有時間的話，至少也要在重要的部分寫下講稿會比較好。寫完之後，不管怎樣都要練習開口。之後，看看錄影，如果對自己的動作和舉止有留意到的部分，就試著寫下來。我明天整天都在外面，想商量的話就寄mail給我吧！」

「好的，百忙之中真的非常感謝你。」

寺岡離開後，小菅與和田繼續待在會議室中，一邊看著影片，一邊確認著必須要改進的部分。

好的簡報＝打動人的簡報

那麼，當各位聽到「好的簡報」時，會想起些什麼呢？

或許有很多人的腦海中，會浮現在「開頭」也有提到的歐巴馬總統或賈伯斯也說不定。打著「Change」、「Yes, We Can」這類強而有力的話語為口號，而從選戰勝出的歐巴馬總統演講。用有如註冊商標一般，黑色高領上衣搭配牛仔褲的模樣現身在台上，以滿載驚喜的內容，使觀眾們入迷的已故史蒂夫・賈伯斯新產品發表會。或者，有些人想起的是在IOC大會中，用可愛的模樣說著「盛・情・款・待」，而使奧林匹克委員們著迷的瀧川克里斯汀也說不定。

不管哪個都毫無疑問是「好的簡報」，事實上，許多有關簡報的書籍，也頻繁地將其採用為好例子。只不過，當想起這類盛大的事例時，倘若各位心中浮現了「能辦到那種簡報的，只有少部份擁有特別能力的人或名人而已。自己是一輩子都不可能做出好的簡報的」，這種自暴自棄的念頭，筆者們認為，這種想法是半對半錯。確實，或許「辦得到那種簡報的，只有少部份擁有特別能力的人或名人」也說不定，然而「好的簡報」，是無論任何人都能辦得到的。

筆者們認為，「好的演講」的必要條件非常簡單。

無論對象是交易方的客戶，公司內的上司、同僚，或者是研討會的聽眾都無所謂。不管是少數人也好多人數也好，總之，都是基於某種「目的」，使這些為了聽你談話而聚集起來的「聽眾」，能按照你的意圖去「行動」。也就是說，我們的定義是，能按演說者所規劃的來「打動人的簡報＝好的簡報」。

所謂的「打動」，並不僅限於將聽者捲入感動和狂熱的漩渦之中。聽者在簡報結束後變成怎樣才好呢，這種狀態程度上的感覺在第2章第1節中會詳述，「依照簡報的情況而定」就相當充分了。例如在經銷活動方面，若想著要在這裡讓客戶做出決策的話，可以說目標就是讓客戶有「好，決定了，就選擇貴公司吧！」的想法。另一方面，若是要向聽眾提出有點強人所難的請求的這類簡報，即使不是那麼正面，但能讓對方想著「沒辦法，我知道了」就可以說是合格了吧！或者，在匯集了公司內各部門的政策報告會上做簡短的發言時，「伴隨善意的感想來聽自己說話」的這種狀態，就是努力的目標也說不定。

這裡的關鍵，是以合乎演說者目的的形式來打動聽者。向著我們所希望的方向，並依照簡報進行的狀況，給予恰到好處的影響，而不是強行地改變聽眾的行動／態度／印象。我們會認為歐巴馬總統、賈伯斯和瀧川克里斯汀的演講是「好的簡報」，並非因為那是超凡簡報家帶來的華麗簡報。在總統選戰勝出，讓人對新產品抱有期待，奪得奧林匹克的主辦權，是這種想要達成目的的想法成功地打動了聽眾的緣故。

CHAPTER 1 SECTION 2

為了製作出打動人的簡報，基本該有的思考方式

那麼，好的簡報具體而言有怎樣的特徵呢？例如，在一開場「吸引觀眾」的階段中，一口氣讓觀眾沸騰起來；與好讀又美觀的PowerPoint一同來論述；又或者「開頭就說結論有3」的簡潔說明等等……。

這些在一般的簡報書籍中經常說明的要素，不管哪個，在好的簡報中看見的頻率都相當高，但卻不是不可或缺的因素。也有完全沒有吸引注意力的橋段、不使用PowerPoint、木訥地談話，還是能打動人心的簡報。也有演說者不下明確的結論，聽者在簡報的最後依舊能自然而然地理解的簡報狀況。

想將所謂好的簡報，用這類看得見的特徵來理解、學習，並不是什麼高明的想法。當然，採用成功率高的技巧，並讓它成為自己的本領是很重要。不過，希望各位記住更重要的一點，好的簡報按照其構築的流程是可以重現的，它存在著這項特徵。

成功的簡報有其理論，掌握了理論的話，各位也能做出讓對方感到「誠然如此」的簡報。要做出這種「誠然如此」的簡報，最重要的，就是遠超乎「當天」的事先「準備」。而所謂的準備也並非只是沒頭沒腦地製作資料，或者寫下講稿背誦起來而已，其

中有著必須遵照的步驟。確實地踏上這些步驟來進行準備吧！這才是本書想傳達給各位的最重要訊息。

準備簡報之際的基本步驟

那麼，簡報的「準備」步驟又如何呢？我們將在日夜校和進修中所舉辦的「批判式思考」，以及「商務簡報」的課程中觀察得來的見解為基礎，認為以下這些步驟相當地重要。

【圖表2】準備簡報的步驟

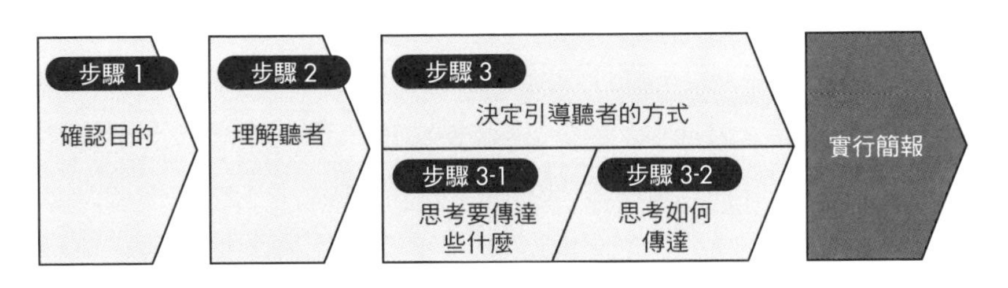

①
②

簡報要成功，先要著手進行這些準備，而準備，則要按這些步驟一個接一個地來思考。光是這樣整理起來，你的簡報應該就會有相當顯著的轉變才對。換句話說，在沒有意識到這些步驟的情況下，只是沒頭沒腦地進行準備，也不會有所進步的。

關於個別步驟的具體方法論，會在下一章之後詳細說明，在這之前，先將概論寫在底下。

步驟1：確認目的

要進行簡報時，首先一開始應該去做的，就是思考進行這次簡報的目的為何。而若將簡報進行的目的，以一般性的大方向來掌握的話，就是「讓聽者對說者起共鳴，並讓他們採取行動」。在這樣的大框架中，應該要依據你之所以要發表簡報的來龍去脈、狀況，來具體制定簡報的目的。

這一點換個方式說，也有希望讓聽者變成什麼狀態的想法在內。簡報並不是為了滿足自己而舉行的，而是要讓對方的情感和思考有所反應，去採取行動或是改變態度。因此，各位對於聽眾必須要具備「有什麼必須讓他們知道的事嗎？」、「有需要讓他們對什麼事有何種程度的認同呢？」、「必須讓他們有怎樣的情緒呢？」，這類明確的印象。

步驟2：理解聽者

在步驟1中想好了「簡報之後聽者的狀態」，為了將這過程變得更加明確，則要進行步驟2「理解聽眾」。

對方是怎樣的人，擁有何種程度的情報等等，若是不清楚這些，就連想組織作戰策略，也不知道能依什麼方式來改變那個人的認知和行動。

特別是在諮詢事業上，像是對交易方的關鍵人物進行第一次提案，或是向公司內的重要人物進行報告等等，雖然對聽者不是那麼了解，但想藉這次簡報作為建立關係的契機，這種情況下，收集情報就變得非常重要。不僅僅是收集與聽者本人有關的情報，可能會對聽者帶來影響的有力人物的名字，例如在幹部中居最高位的人物，或是擁有決策權的管理人員的名字等等，要是得以確認的話會更好吧。

像這樣收集關於聽者的情報，來理解若要打動聽眾，什麼做法才是有效的。

步驟3：決定引導聽者的方式

①
❷

為了達成步驟1中所定下的「簡報之後聽者的狀態」，要以步驟2獲得的「對聽者的理解」為基礎，來思考如何進行引導。這個時候希望你留意的，是聽者的認知、意見、情感在簡報中會逐漸轉變。

一邊想像著這些變化，一邊思考「要傳達些什麼」，然後是「如何傳達」給聽者，換言之，決定好引導聽者的方式。

本書中對「傳達什麼」與「如何傳達」的區分如下。

①「傳達什麼」

在大部分的情況中，可用於簡報的時間是有限的。談話者可以盡情談論自己想說的事，這種簡報非常罕見，就算能夠如此，對聽者而言也未必有益。雖然是老調重彈，但簡報並非拿來滿足自己。經常站在聽者的視角，思考他們可能抱持的疑問或是提問，來決定必須提出的話題，以及要用怎樣的表現方式，來訴說自己想要傳達的內容（訊息）。重點不在於自己想說的，而是去思考聽者在尋求些什麼。

②「如何傳達」

這裡所指的，是把①決定好的話題和訊息，以「怎樣的順序」、「連同怎樣的演出效果」來傳達一事。即使乍看之下是相同的話題或訊息，根據表達的順序及方式的不同，聽者的理解、接受度會有很大的變化。特別是以怎樣的順序來推展話題和訊息，我們將其稱之為「情節」，在這個步驟中非常地重視這點。

另外，雖然步驟3內以①「傳達什麼」→②「如何傳達」來表現，但這兩點並非絕對是「決定好①之後再進行②的步驟」。在思考②的期間感到「若是這樣的情節走向，那就順帶談談這個話題吧」，那也可能導致①的改變。可以說是在①和②這兩點之間來來去去的同時，決定了引導方式，這是非常有可能的。

這樣如何呢？要經過這些準備之後，才首次得以站在聽者的面前，實際發表談話。而在實際談話的階段中，配合有說服力的敘事以及讓人印象深刻的言行舉止，讓聽眾能確實地接收訊息是相當重要的，這類實際登台後的細節，則將它留到第5章。

即便做好充足的準備，若在正式登場實際發表簡報時失敗的話，至今的辛苦確實是會化為一團泡影。然而，卻能累積起相應的商務經驗，而各位平時會碰到的聽者，應該不會單純地僅憑表象的好、壞而被影響，擁有公正的判斷力才對。留心這些步驟來組織內容的話，一定能提升各位簡報的品質吧！

常有的三種迷思

在進入各個流程的細節之前，先來想看看「不好的簡報」吧！

如同前述一般，在眾人面前發表組織好的論述，並藉此來打動他們，或者沒有實際的動作也好，引出聽者善意的反應，對許多的生意人來說是相當困難的，我想，這不就是現實的情況嗎？

困難的理由為何呢？經常聽見的是「因為沒教過這種技術」、「因為沒有足夠的經驗、因為不習慣」一類的理由。

確實，在日本的學校教育中，「在人前發表組織好的論述，關於這類技能，不管是體系化的受教機會也好練習機會也好，（和歐美相比）都相當稀少」，我想這種指摘大致上是很恰當的。所謂的「沒有足夠的經驗」，我認為差不多快偏離要點了。在十幾年前的話，或許在日本企業內是那種環境也說不定。但如同前述，現代對簡報技術的重要性、必要性已經有廣泛的認識，實際上要求這類技術的場面，我認為也已經變得相當尋常。

儘管如此，讓生意人學不會簡報技術，始終擺脫不掉那種不熟悉感的，難道不是因為存在著幾個妨礙學習機會的「迷思」之故嗎？

①
❷

以常聽見的來舉例的話，有這幾種迷思：

・簡報，若是一部分有特別能力的人去做就會逐漸進步，但不是那樣的人即使努力了，終究是相差無幾。
・簡報，最重要的是現場臨機應變的應對，只要憑藉當場的應對，總會有辦法。
・簡報，只要把談話的內容模擬演練好，自然就能傳達出去。

如同先前提到，「擅長簡報」的必要性逐漸在生意人之間有所認知，但另一方面，若要說為了提升自己簡報能力，採取了什麼具體行動的人有多少的話，就我們實際的感受來說依舊是相當稀少。我們試著去思考這種「落差」是從何而來，似乎是極其一般的普通人，對於可以藉由下苦心和努力來提升簡報能力的這點沒有太多實感的緣故。簡報能力是屬於極少數「厲害的人」，或者是原本就擁有地位、權力、在某個領域有著不容分說的經驗和實績，這種可以成為說服力泉源的要素的人所有，而自己並不像他們有著魅力和特徵，即使努力了也沒什麼大不了的，不也有許多人這麼想嗎？

在簡報的成功上，演說者的實績和地位、容貌好壞、魄力強弱，或者是所謂的「超凡性」，這類與簡報技能沒有直接關連的種種發揮了效果的情況，應該經常有才是。而上述的要素，就某種意義來說，事實上也真的是無法一朝一夕就獲得的吧。但是，雖然實績、地位和超凡性等確實是「擁有就有效果」，卻也並不表示「平凡就是不行」。就如第2章之後所詳述的，要讓簡報成功，其他還有許許多多的因素。就算超凡性或魄力的強弱在普通的水準之下也好，藉由其他要素做出有效的一擊，而突破打動聽者的合格線，這也是非常有可能的。更進一步來說，像是外觀和表現能力方面，這類乍看之下有賴與生俱來品味的要素，也能憑藉著適當的訓練來彌補其短。心裡想著因為是天性所以沒辦法而自暴自棄，眼睜睜看著提升技術的機會離去，這種心態可說真的是非常可惜。

「像自己這種程度的人，不管再怎麼努力也不會有什麼進步」，就算從這種想法中脫離出來，自己也朝著讓簡報進步的方向來努力，接著又被「現場臨機應變的應對才最重要」的迷思擋住了去路。更正確地說，比起說是積極地這麼「迷信著」，更像是總之就是會這麼想的感覺吧？

例如「在人前盡量不要過於緊張」、「好好地看著聽者的臉」，或是「在開頭先說個什麼笑話來引人發笑」等等，這類簡報現場的幾個訣竅，過去就經常被人提到，而我們也不打算否定其重要性。然而，這也不表示只要掌握這些訣竅，之後只要自自然然地，將自己想說的內容按照腦中的想法來談論就萬事OK。

聽者是誰，聽完簡報之後希望讓聽眾們變成怎樣的狀態，為此應該傳達些什麼，以怎樣的順序才合適，如此這般，對話題的內容進行有系統的事前準備，這才是最為重要的。

另外，現場的行動和舉止有關的技巧，也並不單純只是現場的應對能力而已，隨著簡報的進行，有著各種各樣的情況，若在平日不多去留意並學習的話，是不可能在一朝一夕中就有所成長的。

然後，即使理解了「簡報重要的是對內容的準備」，這回又有很多人「只」執著在講稿或是投影片資料的完成度上。當然，光是有「要來準備」的想法，就比什麼準備都不做，兩手空空來迎戰的人要好得多。然而，談話內容的理論性、說服力，雖然在簡報的進步上確實是重要的要素，但很遺憾，即使只有如此也仍舊算不上充分。對聽者的分析和現場的言行舉止一樣非常重要。

不管將談論的內容和資料整理得多好，極力主張著偏離了聽者興趣和關注的事，或是談話者的言行舉止招來人們的反感的話，是無法順利傳達出去的。對聽者的分析和實際演出皆拙劣的情況下，不管花費多少心思提高講稿和投影片的品質，有很高的可能性會成為無用之功而告終。

這種迷思麻煩的點就在於，若是只執著在講稿和投影片上，雖然為簡報耗費了熱情和各種工夫，但聽眾接受度不佳的那份空虛，往往會帶來徒勞感。如此一來，又更加強化了「簡報的成功與否與準備時花費的努力沒有關係」的迷思。

【圖表3】3種迷思

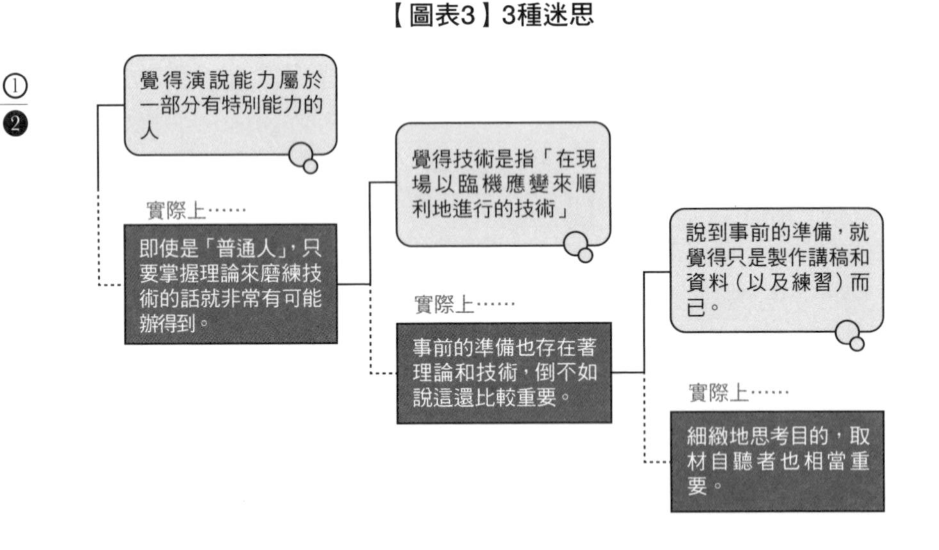

如何呢？假如在各位心中也有相似的想法，希望能先將那份迷思捨棄之後，再繼續邁向接下來的章節。要讓簡報成功，並非只有特別的人才辦得到。以順著聽者關注的形式來製作內容，確實地準備後再來迎戰的話，就有可能以很高的機率，獲得達成目的此一成果的一種溝通手法。

請務必，除去心靈的枷鎖，試著挑戰看看吧！

①
❷

第 1 章總結

對一般生意人要求的簡報，是「打動聽眾」的簡報

●以達成談話者目的的形式打動聽者，就是好的簡報。

●並非只有以眾人為對象，並在引人注目場面下所進行的盛大簡報才算得上是簡報。

在簡報的準備上，基本步驟非常重要

●步驟1：確認簡報的「目的」

●步驟2：理解聽者

●步驟3：決定引導聽者的方法

①傳達什麼

②如何傳達

從常見的迷思中脫離出來吧！

●簡報並不只屬於一部分特別的人。普通人只要按照適當的步驟，就能有所進步。

●現場臨機應變的應對並非就是簡報的一切。事前周到的準備和練習才是最要緊的。

●只在資料和原稿上傾注心力並不足夠。掌握目的、理解聽眾以及實際登台後各種各樣的舉止等等，還有其他必須去掌握的重點。

CHAPTER

2

在開始製作資料前，
多花點時間吧

STORY

從前輩的建議中注意到的事

小菅與和田兩人看著排練時所拍攝的影片，互相討論著彼此的感想。

「我倒是覺得優香談話時的模樣完全沒有問題啊。聲音夠大聽得很清楚，也沒有結結巴巴的感覺，表情也很開朗。」

「但是，寺岡大哥說了『沒有像要訴說什麼的感覺』。我自己也覺得，確實有這方面的問題呢。是什麼地方不好呢？」

「聲音也沒問題，表情也很好的話，剩下的就是談話內容了吧？」

「可是，他也說了『我覺得企劃本身也很有趣』。這麼一來，剩下的就是簡報的做法了吧！」

「嗯——，確實是這樣。這麼說來，他也說了『像被點起來唸課文的小學生一樣』呢。是指在某些地方過於拘謹了嗎？或許感覺是落入了常見的窠臼也說不定。妳還記得去年之前，大會發表時的情形嗎？要說是更加奔放嗎，所有人都是從一開頭就把人吸引進簡報的世界中了呢。」

「嗯，的確是。畢竟是比賽呢，不需要表現出顧慮或是謙遜之類的態度。」

「說到這我想起來了，確實整體來說都是更加積極且奔放的氛圍，但得到高評價的也未必都是標新立異的簡報。不過，都是從一開頭就讓人不自覺地被吸引的。」

「這樣啊，更加積極的氛圍以及從開頭就引起聽眾興趣的展開啊。感覺好像看見寫作講稿的方向了。那我自己再重新考慮看看，真由美謝謝你。」

小菅回到自己的座位，獨自一人開始寫起底稿來。

（被說了沒有想訴說的感覺，雖然以為是指沒有蘊含情感在內的意思，但是其實不只是這樣呢。沒有喚起聽眾的興趣，沒有標榜出應該表現的重點，也有這種結構上的問題呢！）

雖然在好一段時間內，一邊對照著已經做好的PowerPoint檔案，一邊想著要來寫寫講稿，卻遲遲無法下筆。雖然幾個說明企劃優點的部分，已經因為說法太過單調，試著換成對聽者而言更能表現出魅力的表達方式，但是先前與和田交換意見時談到的「從一開頭就引起聽眾興趣的展開」，這類的內容卻怎麼也想不出來。

心裡想著要是有什麼能參考，而試著回想電視上教育性節目中留有印象的部分，或是搜尋網路上受到好評的簡報影片來看。看起來由「向聽眾提問」開始，似乎是個有力的手段。就決定試試這個吧，但是要套用在自己的企劃時，怎樣的提問才合適呢？對此相當的煩惱。夜也深了，腦袋變得一片空白。

（雖然很不好意思，就偷個懶，下定決心向寺岡大哥寄封商量的mail看看吧！他也說了要討論的話就用mail嘛。）

「寺岡大哥，辛苦了。今天為了我們特地分出時間，真的非常感謝。後來，我試著由寫講稿來著手。雖然覺得可以用讓聽者感到有魅力的表現方式這一點來處理，但卻想不出有什麼展開的方式，可以從開頭就把人一口氣拉進簡報的世界裡而相當的煩惱。提出這種厚臉皮的請求實在是很不好意思，但要是能有些成為契機的建議的話，就萬事拜託了。」

第二天早上來到公司，寺岡的回信已經寄到了。

「小菅小姐，忙到這麼晚真是辛苦了，昨天中途就離開真是不好意思。關於吸引聽眾的開場，妳注意到了很重要的一點呢。其實，怎樣的開場才好，會對此感到迷惘也是理所當然的。首先，定出這次的聽眾是哪些人是先決條件。我平時在做的營業報告，也會先去思考客戶中誰是決策者。我們公司的大會有著評審對吧，他們對什麼有興趣，評斷時重視什麼，還是要根據這些來改變結構。

還有，要從開頭就吸引人的工夫，除了話題內容之外，若要簡單地說一個的話，雖然是概括而論，但我想，視覺上的效果是值得考慮的。圖片和影像，或是些什麼小輔具之類的。

那麼，就好好加油吧！」

小菅馬上打了封表示感謝的回信，同時也對講稿的修改上照入了一線曙光而稍微感到有些興奮。

（對啊，不從聽者是誰來下手不行啊。這樣的話，考慮到至今審核的傾向……，嗯，可以看見大略的方向囉！）

CHAPTER 2 SECTION 1

【簡報的準備：步驟1】

確認簡報的目的

想像在簡報之後，「希望讓聽眾變成怎樣的狀態」

至今提到了好幾次，若要以大方向來掌握簡報目的的話，那就是「讓聽眾對談話者有共鳴，並讓他們採取行動」。

步驟1的「確認目的」，即是在以此為前提的同時，更進一步地明確在「這次的簡報」中，具體希望讓聽眾變成怎樣的狀態。

首先，雖然是非常基本的內容，要掌握這次簡報的預設狀況。具體而言，也就是只要確認所謂的「5W1H」就可以了。換言之，就是以下的幾點。

・何時（When）：舉行簡報的日期與時間
・何地（Where）：舉行簡報的場所，會場的模樣
・何人（Whom）：聽眾（參加者）是哪些人
・何事（What）：要談論怎樣的主題（題目）
・為何（Why）：是因為什麼原因，才讓你要在那天、那個場地、那些聽眾前談論那個主題呢
・如何（How）：簡報進行的形式（是否使用資料等等）

【圖表4】確認簡報的狀況

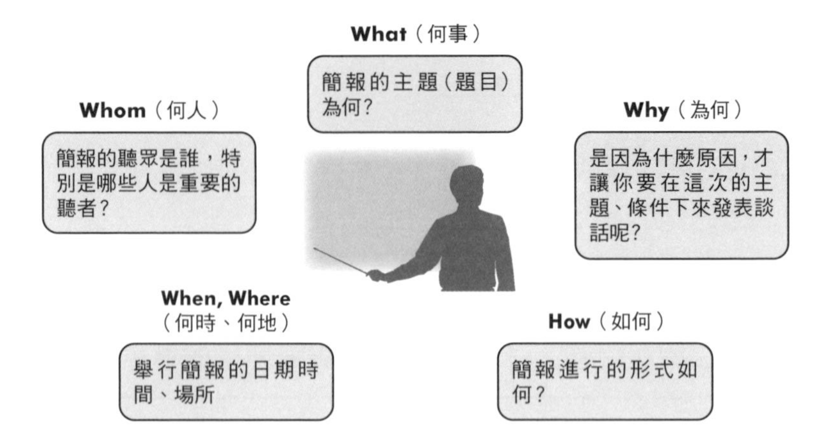

確實地確認這些情報，就能掌握自己的簡報所應該完成的職責。在主要內容上，不要偏離這些是非常重要的（雖然也有可能在理解了聽眾的期待後，故意做出背叛這份期待的簡報，但即便是那種情形，把握狀況依然相當重要）。

只不過，這些在「掌握目的」來說不過就只是出發點而已。在這之後要更加提升解析度，將它看得更為仔細。

再來，關於這次簡報的主題，具體地想像最終希望讓聽眾採取怎樣的行動吧！例如向幹部們提案新企劃的情況，或許就是「讓自己的企劃獲得認可」。不過，依照情況的不同，也可能是「讓企劃被認可後，將A和B兩人任命為團隊的一員」，又或者，是「讓企劃被認可後，當可能會妨礙企劃實行的C部長前來吹毛求疵時幫忙勸阻」也說不定。

這些是在仔細觀察自己周遭狀況的同時發揮想像力，「要是能讓他採取這種行動的話會很開心」，重點就在於對這類的印象做出具體描繪。試著不要只停留在「讓聽眾對○○有所認識／讓他們聽一聽」這種簡略的表現上吧！讓聽眾對○○有所認識，其結果，希望產生出怎樣的變化呢？而作為對方變化後的結果，是想要實現什麼呢？像這樣深入去思考。

接下來，想讓對方採取現在自己所想像的行動的話，當簡報結束後，必須讓聽眾變成怎樣的狀態呢？具體地想像看看吧！雖然也有用一次簡報就一口氣讓人表現出「好，我明白了，來做吧！」，這種如想像般採取行動的情形，但在現實的商務情景中，也未必都是這樣的情形吧！用好幾次簡報，或者是簡報之外也還進行過好幾次的會議或面對面的交涉等，好不容易才打動對方的情況，我想也有很多。但即使是這樣，「在這次的簡報」之後，要讓對方變成怎樣的狀態才最妥當呢？例如像是有什麼是必須讓他知道的，對什麼事要有何種程度的認同等等，必須具體去想像簡報完之後，希望讓聽眾成為什麼狀態。

想像聽眾的狀態時，著眼於聽者思考和情感的變化吧

「具體去想像最理想的聽眾狀態」時，著眼在被其他人說了什麼話之後，到採取行動的這段期間內思考和情感的變化是相當有效的。舉例來說，我們將各個階段分解成【圖表5】的樣子。

【圖表5】聽眾心理狀態的階段（例）

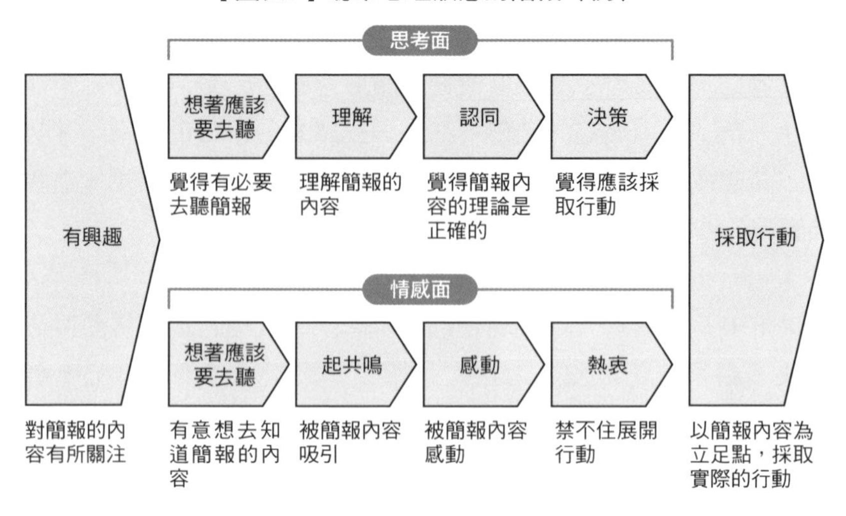

圖中首先將人的心理狀態，大致分為「思考面」和「情感面」兩個層面。簡報的目的，是以訴諸情感面為主要目的，還是要訴諸思考（理論）面，又或者，兩者皆為目標？希望能讓你們理解，光是選定這點，內容就會有很大的轉變。

接著，在思考、情感這兩方面，試著去分析採取行動之前的各個階段。這張圖即是一個例子，配合各位讀者實際的感受，不管是分類得更加粗略，或者與此相反分類得更為詳細都沒關係，重點是，不要只是含糊地「讓他們怎麼樣」、「燃起熱情」，在詳細地分析、斟酌之後，「今天就做到讓他們理解內容吧」或「首先就以取得共鳴為目的吧」，像這樣決定好目的。

如同以上所說，聽眾的心理狀態，其實可以分成數個階段來思考，根據想到達的階段不同，簡報方所應該訴說的重點也會跟著改變。因此，為了達成讓聽眾「行動」此一目的，要具體去選擇，當這次的簡報結束時，必須成為怎樣的狀態。

讀到這裡，或許在各位讀者中有人會覺得，「在現實的商務情景中進行的演講和簡報，對於『打動對方』這種誇張的事，也經常有並不抱持著期待的情形唷」。

確實，像是在朝會一類的場合中，短暫的寒暄或訓示；在例會中，按順序輪流發言這種程度的簡單報告，並沒有積極地要打動誰，只要留下「發言過」的形式即可的情況，又或者是在嚴肅的會議和交涉上，「此時只要不表達異議就OK」等等，經常會有這類的情況吧！

簡報的目的並沒有「應該要怎樣」的標準答案。如果是上述所說的案例，那種情況下就將目的設定為「沒有出大差錯的言論」、「不表達異議」即可。

只不過，要補充的話，就算是這種條件下的簡報機會，也能用在「推銷自己」、「讓別人對自己留下好感」之類的目的上，先對這點有所留意會比較好。雖然在第5章會來談論，但掌握機會留下好印象，將來在真正「想打動人」的演講時會發揮出它的效果。

若沒有強烈地意識到要「明確目的」的話，往往就會偏離

那麼，聽到「確認簡報目的」時，或許總有種聽起來極其理所當然的感覺。為什麼要特別將這點作為步驟1來強調呢？

這是因為，在現實的商務情景中，能按演說者的喜好來決定「簡報的目的」是非常少見的，大多的情況是依聽眾或第三者的期待來設定。

更何況，演說者自己也未必能理解那被期待著的目的為何，「這次的目的是什麼？」，若沒有強烈地去留意，往往就會有偏

離的情況。來看看下面的【失敗例1】吧！

失敗例1

上島明里，在對社長的報告中失敗了

上島明里是向全國拓展的連鎖餐廳A公司中，事業企劃部的年輕職員。不管對什麼事都積極地去處理，有著旺盛的上進心，並且能發表邏輯性的議論，因此在部內也受到眾人欽佩。某天，森田部長將他叫了出來。

「我想你也知道，我們會定期向社長進行部門內的業務報告，時間就在下禮拜，關於今後的經營策略這方面，想要由你來報告，就麻煩你準備囉！」

「欸？為什麼是我？這是怎麼回事？」

「哎呀，平常遇到社長時，就經常對他說我們部內的上島很有趣，社長也似乎很感興趣的樣子。而這次就成了『想聽些組織過的論述』的情況。剛好，關於去年才開店的新餐廳品牌『B』，這是個以至今經歷的種種狀況為立足點，來報告今後經營策略的機會吧？你參與其中也有兩年了，情況應該相當清楚吧！我覺得以此作為主題來報告就可以了。」

「太厲害了！非常感謝。但是，就用這種形式來報告下一期的策略真的可以嗎？」

「嗯，關於這點不用擔心。為了可以實行的事前工作等等這些都不需要。這不是正式的提案，只要以現在手邊已知的情報，發表屬於你自己的分析和意見給社長聽聽就可以了。整體時間有30分鐘，所以大概就報告15分鐘，就像討論15分鐘的感覺吧？當天的對象除了社長和社長室長之外還有專務共三人。如果其他還有什麼想問再來問我吧！那我就期待你的表現囉！」

上島馬上就幹勁十足地向著電腦，製作起PowerPoint的投影片。從『B』的開店為起頭，然後是經營初期的改善措施。這兩年間深刻地參與其中，對此，上島自負應該是公司中知道得最詳盡的人。還有許多用來對公司內部說明所做的資料。對了，好像還有製作來應付外界取材的素材。要是把其中有衝擊力的部分選來再次活用的話，那豈不正好……。在製作用來向社長說明的資料上進展地非常順利。

預定日期的前一天，當把做好的說明資料拿給森田部長看時，部長只翻了翻內容便開口道：

「這些全都要講？沒有這麼多時間喔。也是可以把它當成書面資料啦，只要摘要說明重點的部分唷。」

上島雖然反射性地回答了「啊，這樣啊，我知道了」，但在心中（不管哪個都是重要的話題啊。不過，時間確實似乎並不夠用。就注意一下吧！）卻這麼盤算著。

終於，到了報告的當天。當輪到自己發言時，上島慌慌張張地說起了開場白。『B』的理念，即將開店前重新檢視這份理念的小插曲，開店後半年，發生了意想不到的麻煩，以此為轉機進行改善，反倒讓業績有所提升……。雖然上島想著要做「簡短的摘要」，但因為對發生過的事件有深刻的掛念，一不留神，就過於熱衷在談話上。另一方面，也因為意識到了時間很短，漸漸地越講越快。社長剛開始還一邊點頭一邊聽著，但隨著時間的經過也慢慢變得面無表情。兩旁的專務和室長，也一副閒得發慌的樣子望著自己。

上島變得更加著急。

（咦？社長的反應很差啊。我的話太長了，一定是想早點聽到結論吧！但是到結論之前還有這麼多頁，怎麼辦？為了下結論，在話題的走向上不管哪個部分都是必要的要素啊……）

「這些全部我都非聽不可嗎？」，終於，社長開口打斷了他。

「啊不，不好意思。呃—……，那麼就請跳到25頁，來談談今後的策略……」

上島雖然拼了命地想要彌補，但結果最關鍵的提案部分，只能在大略唸過之後就結束了。

之後進行了幾個問答，最後社長也帶著微笑說了聲「謝謝」，現場就這麼結束了。從社長室的歸途中看見垂頭喪氣的上島，森田也開口來安慰他：「不需要這麼悶悶不樂吧？我想那份熱情已經傳達給社長囉！」

但是，在被打斷之前社長那百無聊賴的眼神，還有那無法完全隱去不耐的口氣，都狠狠地刺向了上島的胸口。

這個失敗例中的上島先生，既有熱誠也有想要表達的訊息，準備上也付出了相當的勞力。但是非常遺憾的，即使如此也未必就能做出有效果的簡報，結果就這麼無疾而終了。就算在準備上耗費了時間與勞力，卻沒有遵循適當的步驟，對於這次簡報追求的是什麼，也沒有去確認那份目的之故。

當然，從身為聽者的社長角度來看「並不是想聽這樣的內容……」，因而對談話的內容變得不感興趣。這正是從「確認目的」階段就走偏了的缺點。如何來掌握簡報的目的，依此，談話的內容或表現方式就會有很大的變化。所以，在目的的設定上就搞錯了的簡報，聽者期待落空的模樣會非常明顯，很容易會帶來很大的不滿。

恐怕當上島聽到森田部長說「談談『B』餐廳的策略」時，自以為是地臆測「（以過去的原委為中心）來說明策略」，是這次簡報的目的了吧！但是，為什麼這次會由上島來向社長報告？若一邊留意這中間的經過一邊來思考的話，「（透過談論餐廳『B』今後所應該採取的策略）來表達上島個人的商務見解、意見」這點，才是此次所追求的目的。更進一步來說，假使最一開頭的認知上就稍微有點誤解，將其理解成「向社長說明策略」也好，如果可以不只是停留在這個目的的設定上，而自問「藉由說明策略，希望讓社長有怎樣的心理狀態」的話，或許，就能妥善地得到「提出個人獨特的看法，讓社長覺得『上島很有意思啊！』才是目的」這樣的目的設定也說不定。

就如同這樣，我們往往忘記了去「思考目的為何」，而在被託付簡報時，被某人一句無心的話所影響，或者自顧自地想去談論自己想說的話，草率地決定了目的。然後，馬上就拿出電腦，開始用PowerPoint製作起資料來，或者思考起當天要穿的服裝等等，又或是對這被委託的重任，在好幾天前就開始緊張起來等等。也就是說，沒有牢牢掌握住本來的目的，在這種情況下，不知不覺地就將「把自己想說的內容的簡報，實際地順利完成」當成了目的，並依據這點來思考和行動。

假設此時聽眾的反應不好，下一次若能反省那倒還好，根據情形不同，也有想著當天順利地說完了、好不容易將其完成了，就感到滿足了。

現在馬上改正這樣的想法吧！當天的服裝也好，資料的美觀也好，流暢的談話也好，這些確實都很重要。但是，結果沒能透過簡報來達成目的的話，就只是單純的自我滿足罷了。

沒有明確訂定目的的話，簡報的內容也會偏離

前項中提到了「如何掌握簡報的目的，會讓談話的內容和表現方式有很大的改變」，舉例來說，在起草了某個措施想要獲得認可時，若將「讓人理解措施內容」視為目的，就會將重點放在措施的詳細情形、預期的效果，以及與現狀會有什麼不同上吧！另一方面，如果目的是「讓人下決定去施行措施」的話，就不得不論及預算、人員的津貼以及與其他措施的比較了吧！

換句話來說，若不恰當地掌握目的，談話重點的設置與表現上就會有所偏差，也將會無法影響聽眾。來看看【失敗例2】吧！

失敗例2

三谷真司，太過貪心的即興發揮反而自找麻煩

三谷真司是販賣業務用軟體的新興公司C旗下的開發經理。這一天，由業界複數廠商聯合舉辦了研討會，集結了企業客服中心的負責人。談話的內容，是以客服中心內部運用為形象的顧客情報管理和電話應接記錄用軟體，其最新的開發動向和市場動向。

三谷作為其中一名演講者，有著40分鐘的時間。主題是「將客服中心獲得的大數據，活用在市場銷售上」。由於大數據這個詞彙聚集了生意人們的關注，在能容納約百人的會場中，幾乎座無缺席。

（喔，大家對這個似乎很感興趣喔！不錯不錯。）

一邊壓抑著高漲的情緒，演講開始了。

首先，開場的階段先介紹美國某家公司，活用了大數據之後發現了意想不到商機的例子。在用來引起聽者興趣上可說是經典橋段。接著秀出的是開始活用大數據的公司及其變遷，來更進一步地談論，客服中心正是最適合用來收集情報的窗口。

三谷感覺此時聽眾的反應非常好。

（好，是好機會！）

於是三谷改變了預定的時間分配，將原本的內容做了適當的省略，在原定時間的10分鐘前就結束了談話。然後，剩下的時間，拿出了附在PowerPoint資料後，寫著「請參考」的部分，開始介紹起C公司製作的軟體。

將打來客服中心的電話自動記錄在資料庫中，加上了各式各樣的標籤，是個重視搜索功能的軟體。與其他類似的產品相比，操作上簡單明瞭，以便於操作人員的運用為其賣點。

然而，與談話中途的顧客反應相比，說起自家公司的軟體時，感覺氣氛急速冷卻。可以看見有人好幾次瞥向手錶的樣子，還有幾個人已經開始將資料收入信封中。當接近了預定要結束的時刻，簡報明明還沒結束，卻已經有三三兩兩的人從座位上起身，離開了會場。

看來開始商品說明似乎被聽眾視為「結束了的信號」。三谷後悔了，「早知道會有這種反應的話，應該把時間拿來再多說一點內容的」，但也已經於事無補了。研討會後，以聽眾為對象詢問對各段落印象的問券回收之後，結果只留下了平凡的評價。

就三谷的情況來說，最初的目的，是打算以自家公司開發的軟體所想要解決的課題，或是該軟體能實現的功能來喚起人們的興趣吧！在研討會這樣的場合，本身是相當合適的。

不過，若以三谷先生的立場來看，最終還是有著喚起聽眾對自家軟體購買欲望的目的。而由於演講一直到中途反應都相當良好，因此三谷先生才急遽地改變了演講的目的。然而非常遺憾的，若從至此的話題走向以及它所營造出的現場氛圍來看，這種轉換可說是做得太過火了。聽見了關於要不要購買具體軟體的話題，對於來聽這類研討會的顧客而言是始料未及的吧！

雖然這個例子是在談話的途中，進行了可說是隨興的轉變，但就算當初就有這種打算也好，直到半途都是以「引起興趣」為優先所組成的話題走向，想突然轉變成「激起購買欲」，只要是沒有相當周到的設計，想獲得良好的反應可說是相當困難的。

若像這樣訂定確切的目的，在之後的階段，也就是從所謂準備發表的內容一直到在人前談論為止，保持一貫性並且不離題是相當重要的。或許有人會認為，只要將目的設定得廣泛一些就能減少偏差的疑慮，但將目的設定得更廣泛，一方面也會導致模糊焦點而使訴求降低。在三谷先生的例子中，若要說「引起興趣」、「讓人理解內容」、「激起購買欲」全都是目的的話，或許也能視為沒有偏題，但也很容易想像，要在有限的時間內完善每一項的內容是相當困難的。誠然，目的的設定上還是要凝聚在一個細膩的中心，內容則不要偏離目標，這才是最重要的。

CHAPTER 2 SECTION 2

【簡報的準備：步驟2】

理解聽者

簡報時要鎖定「聽者」

簡報準備的步驟2是理解聽者。聽者知道什麼或不知道什麼，聽者在關注什麼，要在收集情報後具體去描繪「聽者的面貌」。

例如工作上的提案，或是在公司內的會議要通過企劃等等，我們來思考看看，預先已有某種程度的認知，知道有誰會來聆聽的情況吧！當對可能前來的聽者有頭緒之後，不能馬上就想著要去調查那個人的情報，或是去思考他感興趣的部分。在這之前，首先必須要對照步驟1想好的目的，來決定這次簡報中，將誰視為「聽者」才是最有效果的。

另一方面，聽者也未必能在事前就明定出來，像是在某些研討會中作為講師來談話等等，也經常在有事前不知道哪些人會前來的狀況下進行的簡報吧！但是，想著反正也不知道就腦袋空空地去進行簡報，那也是沒有用的。就算假想也好，還是要以某種形式，聚焦在聽眾中你最想打動的人身上，換言之就是鎖定「真正的聽者」！

只要是來聽簡報的，不管是誰我都要向他們訴說…這樣的想法，有讓簡報最後沒能掌握到任何人關注的危險。本節的後半也

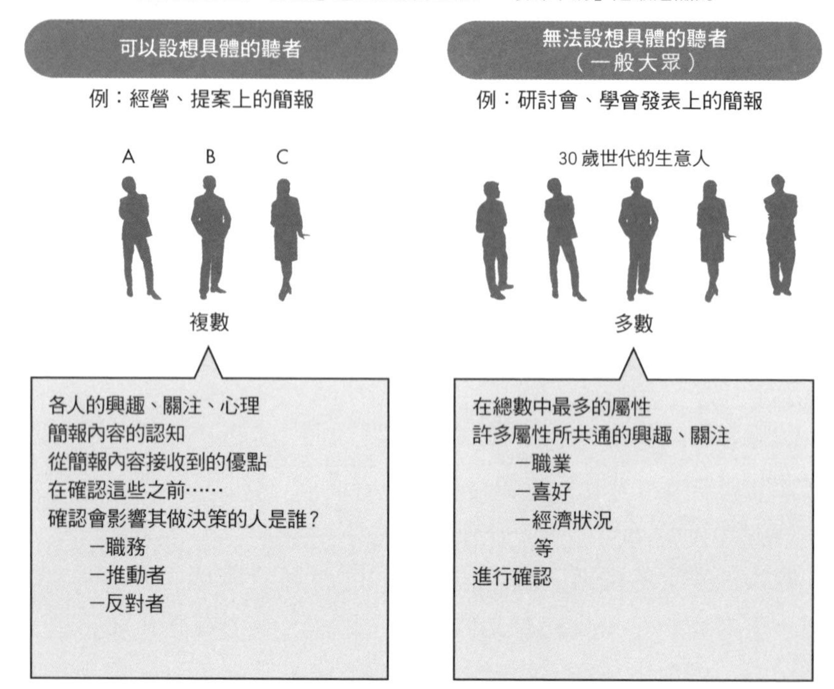

會提到，人對什麼抱持著關注、重視些什麼，因那個人的性格和原本就擁有的知識不同，其實是形形色色的。因此，若不具體地想定某人，就沒辦法弄清楚聽者在關注些什麼。而不具體地定出聽者，就不可能進行能打動聽眾、扣人心弦的簡報。

找出、決定「真正聽者」的方法

那麼要怎麼來找出、決定真正的聽者才好呢？

在可以具體設想對象的情況下，大多還是用「對於打動某人的目的來說，誰的衝擊力最大」的觀點來弄清楚吧！此時，職務、權限，或者是在該簡報領域中的專業性，可以成為測量決定權強度的基準。

話雖如此，但在組織中往往存在著，從表象的地位和實績中難以看出來的影子實權者。關於這點，則要從至今的談話和行為舉止中來觀察，或是必須藉由探聽來下判斷。「誰的意見是最容易被反映出來的呢？」、「最有力的推動者是誰呢？」等等。如果能直接探聽的話，希望可以先行確認，就算是難以直接詢問的情況，藉由觀察己方提出要求時對方的反應之類的形式，某種程度上是能夠推測的。

即便是難以設想具體聽者的情況，這種判斷基準也是共通的。只不過，在沒有具體對象的情況下，必須去描繪虛構的人物形象。多數聽眾似乎共通的屬性、關注等，在事前先向主辦方打聽，來定出總數中關注度較高的一層，或者是把最想打動的對象當成標的，這是非常重要的。

「設想聽者」時經常有的陷阱

雖然寫了看清真正的聽者很重要，但其實，要理解誰才是真正的聽者，並將這點恰當地活用來實施簡報，意外地相當困難。

常有的誤解，是容易覺得因為是聽者，所以會願意傾聽自己的談話。特別是以一般大眾為聽者的場合，往往會將碰巧位在眼前的人或是經常點頭的人理解成聽者，來對著他發表談話。

說不定也有人覺得，如果是「經常給予反應的人」，至少是聽者的一部分不會有錯，所以，對著那個人說話哪有什麼問題。可是，若對自己來說感覺不到什麼益處的話，人是不會去聽別人說話的。本來應該要將他理解為聽者的人以及經常給出反應的人，如果他們覺得有益的部分是重疊的話那就沒什麼問題，但若非如此，就算繼續談論那些給予反應的人容易接納的內容，對本來的聽者來說還是不會有興趣和關注。

此外，對照目的來看，雖然明明是以主打A聽者的內容最為妥當，但往往受到人際關係的力量、相性等的影響，而在不知不覺中混入了給其他聽者的內容。來看看【失敗例3】吧！

失敗例 3

武井澄佳，因上司突然參加而不知如何是好

武井澄佳是事務用機器貿易公司，D公司系統部門中的系統企劃團隊的領隊。在D社中，總括管理交易紀錄、資金回收和庫存情報的業務系統，在1年前開始進行升級的計畫，武井也作為計畫內的一員而努力地工作著。

終於，在1個月後要進行新系統的更換。此時，武井接到了營業事務部小林課長的委託。

「關於本次的新系統，這段期間雖然發了操作手冊，但我們部內的職員似乎還是有點擔心。雖然突然的拜託很不好意思，但就算只是業務上常用到的重點也好，能不能辦個說明會呢？」

「當然，如果由我來也可以的話。畢竟對營業事務部來說，這個系統是日常業務的生命線呢。也有想用口頭來確認的部分吧！」

「聽到妳這麼說真是幫大忙了。那麼，如果能舉幾個比較方便的候補日期和時間，我們會在那個範圍內把職員們聚集起來。預想大概是20人左右。」

「我明白了。」

武井馬上就開始著手製作說明會的資料。剛開始的期間還在想著，說明用的資料大概拿經營會議中磋商時的內容，以及在確定做法之際部內製作的部分，摘錄出恰巧可用的頁數就好，但一旦到了要統整時，才發現有很多對實際利用系統的職員來說不必要的情報，反而有很多想知道的情報卻不足。於是，必須為了這次而重新製作的頁數又增加了。

說明會的當天，武井才一進會場小林課長就靠了過來，悄悄地對她說：

「啊，今天謝謝妳。那個啊，雖然很突然，我們的中村部長和吉野部長也說想來聽聽說明會。當然，他們也理解今天的主旨，不需要為了他們而改變內容，因為他們只是在後面聽著而已。」

中村部長是小林以及今天前來聽說明會的職員們的直屬部長。而吉野部長的部別雖然不同，但也是所屬於營業事務團體中其中一個部門的部長。無論哪一位，長相和名字都知道得很清楚，但並不是很熟識的人。

武井聽到的瞬間有種（欸？有大人物來聽嗎？好緊張啊！）的感覺，而沒搞懂小林所說「只是在後面聽著」的含意，結果沒有對此深入去思考就迎來了說明會。

然而等到開始談話時，目光總會飄到兩位部長的身上。兩個人皆以認真的表情聆聽著。但是，由於這次準備好的資料把重點放在日常業務的進行方法，這種負責人水準的內容，很明顯並不是給他們的訊息。

（該如何是好，下一頁是確認進款時畫面操作的方法啊。哪有可能由部長來親自進行畫面操作，糟了啊……。是不是覺得很無聊啊……）

一旦開始在意，腦袋中想著的全都是這件事，沒辦法集中在眼前的話題上。

（欸，就即興地來講講給部長聽的內容吧）

武井在這次系統變更中也出席了好幾次經營會議，所以能說出競爭動向和財務面上的衝擊等，這類似乎會讓部長有興趣的話題。而實際上，當這類話題出來後，兩位部長也露出了微笑。

（啊，太好了！）

開心起來的武井，把經營會議中幹部提出過什麼話題這一類的插曲，不經意地越說越多。回過神來，已經接近預定要結束的時間。雖然急急忙忙的回到主題上，但準備好的後半部分內容，卻變成相當簡略的狀態。

說明會結束後，武井回顧了今天的狀況。

（啊，有許多部分明明想說卻沒說出口啊。都是因為中途參雜了那些話題的緣故啊。該怎麼做才好呢？）

這個例子中武井的情況，若從被委託進行簡報的狀況來思考，真正的聽者很明顯的是營業事務部的職員們。實際上，直到簡報當天武井也相當明白這點的，但是由於上司突然地到來，而從原本設想的「聽者」身上偏離了。像這種的情況，特別是聽者是有十足把握對象的情況下，不也往往有這種傾向嗎？想避免陷阱，要仔仔細細地將「真正的聽者是誰」牢記在心，並且不要偏移是

非常重要的。

對聽者進行調查

那麼，即使切確地掌握了真正的聽者，卻自以為是地認定「你應該要聽的內容就是這個！」，而錯估了從對方的立場所看見的關注事項或利害的話，那就沒有意義了。

這並不單只是因為粗糙地思考而引發的結果，過度埋首於思考「對聽者來說的優點為何？」，有時反而看不清聽者最直接的感受。

為了不發生這樣的失敗，就要必要進行接下來的「關於聽者的調查」。

各位至今在進行簡報前，花了多少時間在調查聽眾上呢？當然，有很多時候，在時間上是有所限制的吧！但即使如此，依舊希望能從有限的時間中分出時間來。即使是一般大眾聚集的場合也好，使用一切的手段，盡可能仔細地去調查當天會有哪些人來到會場吧！

若去問問觀眾對於失敗簡報的想法，大概都會舉出難以理解、太長、太過詳盡之類的話。雖然有各種各樣的說法，但結果，一言以蔽之就是「聽眾感覺不到他究極的目的，益處的存在」。

在聽者感到無聊的瞬間，就好像電視會被迅速轉台一樣。也就是說，對於你的簡報，把耳朵關上了的意思。

調查聽者的「什麼」呢？

首先，來思考看看關於這次簡報主題，聽者的認知（心理狀態）吧！在40頁時，介紹了將聽者的心理狀態分成思考面和情感面的圖表，在簡報前的階段，掌握聽者在該圖的哪個階段是非常重要的。因為取決於階段的不同，必須傳達什麼、傳達多少，這些內容和轉達的方式會有所改變。

掌握了聽者處在哪個階段後，接下來則是現在處在那個階段的原因，對此，由聽者的認知、意見、情感等觀點出發，如果可以就去收集情報，困難的話就從手邊擁有的資料來推敲。

此處的認知是指知道什麼、不知道什麼，以及關注什麼、不關注什麼。而意見，是指贊成什麼、反對什麼，其理由和背景為何？情感則是想做什麼、不想做什麼，開心和不安的源頭為何。請掌握這些部分。

特別是在探究聽者贊成什麼反對什麼的背景上，不限於這次主題，一般聽眾所處的狀況，也有很多能成為判斷的材料。例如聽者在商務上的地位和責任，平時的個性和價值觀這點。此外，聽者與自己的關係，也可以成為判斷的材料。

關於聽者所必須知道的事項，應該事先調查的事項涉及了非常多的層面。因此，不是只調查自己想到的事，要準備好類似確認清單的東西，以帶有網羅性地來試著整理會比較好。

舉例來說，歸納上述的要素後，試著製作了【圖表7】這樣的確認清單。根據情況不同，也有全都不清楚的時候吧！或者反倒出現此處沒有寫到，但是有必要知曉的部分，請當成概略的基準來活用吧！

【圖表7】關於聽者，希望能預先知道的事

聽者本身的狀況	・究竟是誰？（複數人的情況下，關鍵人物是誰？） ・本人或所屬組織所處的狀況？ ・組織的立場？ ・擁有怎樣的經驗和能力？ ・性格、價值觀、認知方式
關於本次主題的認知、意見、情感	・興趣和關注的強度？ ・對什麼知曉（理解）到什麼程度？（認知水準） ・聽者採取怎樣的主張、態度？ ・對聽者而言的最佳狀態是？ ・聽者正煩惱著什麼？ ・對聽者來說有益處的內容是？有壞處的內容是？ ・什麼是最在意的點？ ・聽者抱持著怎樣的情感（不安、反感等等）？
聽者與自己的關係	・關於自己，聽者知道些什麼，到何種程度？ ・與自己的利害、力量關係【＊譯註1】是？ ・對聽者來說，聽自己談話的必要性？

＊譯註1：指兩者之間權力、財力、能力等等的優劣。

關於聽者，要「怎麼」來調查呢

若明白了有關聽者的所必須弄清楚的事項，接著就是「怎麼來調查」了呢。

關於這點，用一句話來說就是「總之去嘗試所有可用的手段」，但在現實上，「盡可能試著去詢問更多的人」可說是效率佳且能期待效果的手段。

也可以試著向公司內外的熟人打聽看看吧，最近，也有活用SNS來取得該人的個人情報（在本人同意公開的範圍內）的這類方法。在可能的範圍內，盡力去取得聽者的背景環境下原本就存在的關注事項、擔憂、成見，然後是聽者個人因素之下的關注事項、擔憂、成見等情報。

當然，也經常無法獲得切中要害的情報吧！就算是這樣也不要輕言放棄，對於想知道的事情，將可以當成推測線索的情報收集起來吧！

例如對於要進行行銷提案的交易對象，這一期至今的業績是順利還是不順利，就以沒能找到直接顯示的事實來說吧！即便沒有找到，向有關人員打聽，或是參照業界整體的情況，還是可以收集到用來下某種程度推測的情報。

這裡想推薦的是，關於聽者的情報，試著與職場的同僚或有關

【圖表8】取得聽者情報的做法

過去曾與聽者有交流經驗的情況

曾對怎樣的內容做出了怎樣的反應，一邊回想一邊進行推測。

第一次與聽者取得交流的情況

・公開情報（新聞、雜誌的報導、個人首頁、IR 資料、書籍類、部落格、SNS 等）
・向自己或聽者周遭的人打聽

只有上述情報仍不夠的情況

以豐富的想像力來推斷。此時，要著眼於
・聽者處於怎樣的立場、狀況呢
・對聽者來說理想的狀態，煩惱的事情為何
・聽者對什麼已有所知，對什麼還不知道
・自己所說的內容，對聽者來說有什麼用處
等等
此外，基於收集好的情報，與自己之外的人進行腦力激盪也很有效

人員進行意見交換。行銷上的提案的話，很少會有交易方將全權交由一個人來應對的情況，我想，大多都是以數人組成團隊來處理的。這種時候，「對於交易方的A部長，自己雖然是這麼認為的，但從別人眼中來看是怎麼樣」，先去琢磨這點是非常重要的。就如先前曾提到的，對此，幾乎沒什麼機會能收集齊切中要害的情報，一般多是假設和推測，也因此，提高了產生「迷思」或「妄下判斷」的危險。由複數的觀點出發，再整頓出一致的認知會比較好吧！

聽者知道些什麼，不知道什麼呢

有關聽者的分析，不只在決定簡報整體的方向性上有幫助，第3章之後也會詳述，在簡單的情節展開和措辭選擇的層面上也有效果。為此，談話者在思考簡報講稿之際，擁有可以徹底化身為聽者、得以站在聽者視角的知識是最理想的。

②
❷

聽者的認知，盡可能地以具體的程度來掌握吧！首先，是關於簡報主題的背景和預備知識。例如要向交易對象提供新商品時，他們對業界環境和競爭動向知道些什麼、不知道什麼（是現在才首次得知嗎？），看清楚這些是非常重要的。接著，關於一般性的用語和概念也必須要注意。

像是在公司內的會議中，以其他部門的經理為對象，進行行銷政策的簡報為例，此時，市場細分和市場定位這類的用語，在毫無解說地運用下聽者能夠理解嗎？而對於過去進行過的行銷措施，其例子、結果以及評價，即使不重新提及也能夠想起來嗎？對這類的事情必須要一個個細心地去思考，至少，擅自斷定聽者與自己有著同等的知識下來進行準備，這是絕對要避免的。

不過以現實來說，我想對於聽者知道、不知道些什麼，大多的情況是沒辦法在事前掌握得那麼明確。這種情況，要盡可能廣泛地以「關於這點，或許他們並不知道」為前提來進行準備。如果傳達給已知的人的這類內容太多，只要減少就行，但若認定為「應該知道吧」來進行準備，而聽者其實並不清楚時，就會演變成聽者一邊掛念著「這句話不知道是什麼意思」，一邊繼續聽著簡報的情況。而這個狀態也會波及到簡報的其他部分帶來不好的影響，是無法去無視的。

更進一步來說，這裡使用的話語聽者知不知道，單就這點還算不上是問題。一句話聽來悅耳、刺耳，能否觸動心弦，意外地因人而異。平常若無其事使用的措詞，對聽者來說會不會覺得很奇怪，會抱持著善意來理解嗎？讓思考轉動起來吧！來看看【失敗例4】吧！

失敗例 4

工藤孝一，平時常用的特色例句並不管用

工藤孝一最近轉行至生命保險公司，進入了E公司內的個人保險行銷部門。他的前一份工作是人事顧問，但由於想試試看自己的顧客開拓能力，而前來挑戰可以因成果取得高收入的職種。

很快的，在轉行來到第三週時，獲得了在所屬部門的成員面前演講的機會。E公司的行銷部門中，以磨練行銷業務負責人的談話技巧為名目，每週一次，定期舉辦在部員面前發表10分鐘演講的活動。由於是輪流擔任演說者，恰巧這次輪到了工藤。而簡報的主題，原則上是採自由發揮。

進入公司後已經舉辦過兩次，在看過其他人的演講後工藤心想，「這種程度的話我應該也沒問題。主題要定什麼才好呢？因為剛進公司沒多久，用『我重視的信念』來兼做自我介紹似乎不錯呢。」

工藤將之前工作的經驗，以及想要貢獻E公司的想法當成寫作講稿的材料，並進行了好幾次的練習，將其牢記在腦海中。簡報當天，在沒看小抄並融入了情緒的狀況下，完成了10分鐘的簡報。

身為聽眾的部員們反應還算不錯。只不過，工藤心中仍有（從自己的感覺來說，應該可以有更好的反應啊……。因為是第一次嗎？）這樣的掛念。在簡報會後，設置有接受上司岸田講評的講評會。

「工藤先生，不愧是從事顧問而累積了相當多經驗的人呢！口若懸河的感覺真的非常厲害，我覺得內容也相當精彩。」

「是這樣嗎？非常感謝。」

「只有個稍微瑣碎的點，提到了好幾次『入腑感』，特意運用這個詞彙是放入了什麼心思嗎？」

工藤因為預期之外的提問而不知所措。

「並沒有稱得上是心思之類的想法……，是不懂它的意思嗎？」

「不不不，意思是明白的。就是『落入肺腑』的感覺對吧！嗯，換句話說就是『認同』或是『完全理解』的意思吧！」

「是的，誠如您所說。」

「只不過，在我周遭沒什麼人會用『入腑感』這個詞呢。還以為是什麼業界用語或是流行語。」

「不，倒是沒有那麼深刻的含意……」。

斜眼瞧了一下不知該做何反應而稍顯困窘的工藤，岸田一邊看著手上的筆記一邊繼續說道。

「關於細節，還有另外一個。在談話中途確實有講到『在自己的身體中將其血肉化』吧？這也是指將它消化直到成為自己的血與肉，來學習、掌握的一種譬喻對吧！雖然可以從前後的文脈來類推，但，有這樣的詞彙嗎？」

「對我來說，至今都是以理所當然般的心態在使用呢。或許正確的讀法是唸做血肉（ketsuniku）也說不定，但我因為chiniku唸習慣了所以才覺得理所當然。」

「原來是這樣啊。不過就算是這樣，肺腑或是血肉這類與身體相關的譬喻蠻多的呢。」

「聽您這麼一說，似乎是如此呢。」

談話就這樣結束了，雖然岸田的口氣上聽不出有責備的意思，但對工藤來說，「特別對細節做出指摘了呢」，在心中仍留有無法釋懷的部分。於是在斟酌了一會兒岸田離席的時間後，找上了鄰座的野村。

「野村你有聽過『將它血肉化』的說法嗎？」

「嗯，有喔。」

「果然有對吧。唉，其實是今天早上我演講的事啦，因為被岸田說了『沒怎麼聽過的詞彙呢』一類的話。」

「哈哈，岸田就是那樣呢。兜了一圈說自己不太喜歡那種說法吧，一定是這樣。」

「欸？是有什麼不好嗎？」

「哎呀，雖然是他個人的感覺就是。拘泥於漂亮的遣詞用句。姑且就他的理由來說，是由於我們的客戶大多是富裕層的人，所以有很多人對這種遣詞用句也比較敏感，這樣。」

「原來是這樣子啊。」

這成為了工藤一次痛苦的教訓。因為不管是「入腑」也好，「血肉化」也好，都是工藤自己覺得在演講的主幹上，用「這種表達方式不錯」，而特意捨棄了其他的近義詞，所選用的詞彙之故。

以工藤來看，平時無心並以好的意義來使用的詞彙，在岸田的眼中卻被認為沒有品味（此外，這最多也只是用來表現「對詞彙感覺的不一致」的一個例子，並不表示筆者們認為『落入肺腑』這句話不夠漂亮）。像這類對詞彙的好惡問題，依現實的情況來說，想在事前去掌握說不定是非常困難的。只不過，就如同「從聽者所屬公司的風格來看，說不定比較能接受強硬斷言的做法」所說，從輔助訊息來推測是可能的。重點是，不要漫不經心地排列自己喜歡的詞彙，稍作暫停來試著思考聽者的看法。

第 2 章總結

要從「想讓聽者成為怎樣的狀態」的觀點，來具體描繪簡報的目的

- 首先以「5W1H」來掌握大略的預設狀況
- 一邊以思考和情感的兩面來分析聽者，一邊決定要作為目的的狀態
- 在商務現場被委託簡報時，往往因為現場的形勢和某些迷思而貿然斷定了目的。一定要冷靜並客觀地看準目的之後，再開始進行準備
- 決定好的目的，從之後的準備到實施的整個流程中，都要強烈地去留意。

明確地鎖定作為簡報對象的聽者，並去理解其意見、情感，以及與自己的關係

- 聽者為複數的情況下，並非全都是一樣的。要對照目的，鎖定誰才是最重要的聽者
- 有關聽者，希望能理解，在簡報主題的相關情報中，怎樣的情報會有怎樣的反應？而為了知道這點：
  - ・聽者現在的心理狀態
  - ・關於這次主題的認知、意見、情感
  - ・聽者與自己的關係

  要從各種各樣的觀點來收集情報、進行推測。
- 有關聽者的情報，則從自身的觀察或向周圍的人打聽，這樣仍不夠的情況下，則要由輔助訊息來推測。

CHAPTER

3

從「一味地說著想說的話」中脫離出來

STORY

「重新思考結構」是什麼意思？

小菅試著去回想歷年評審們的臉，並且盡可能去喚醒還殘留在記憶中的過去傑作。

「從至今的傾向來考慮的話，比起詳細地說明可實現性，誇張地說大話的做法更受人歡迎。再來，就是其他地方沒有的，獨特性一類的東西。」

「以此來思考的話，現在的版本中放在開頭當標語的『把和之心當成便服穿穿看吧』，這句話有點太過穩重了呢。」

利用午休時間將講稿修正了好幾點，並麻煩和田幫忙看了看。

當天的傍晚，兩人在職員餐廳的一角碰了面。

「如何？和寺岡大哥用郵件商量之後，得到了『去想想是對什麼人簡報，並考慮看看作為這次聽者的評審委員，他們的評價基準』這樣的指摘。這麼一想，就會覺得整體用比較誇張式的、談論夢想的風格來表現也不錯」。

「原來如此，確實這種做法比較好呢！」

「可是啊，這樣又有新的煩惱了。剛才雖然只是粗略的唸了一遍，但是花掉了13分鐘呀。因為增添了形形色色的內容之故，似乎沒辦法結束在10分鐘內的樣子。」

「啊，這樣啊。確實寺岡大哥說了，也把『結構』重新思考會比較好呢。」

「這麼一說確實如此呢。……聽到的時候雖然心裡想著『原來如此』，但說不定，其實我並沒有深入瞭解『重新思考結構』的意思。真由美是怎麼想的呢？」

「嗯—，雖然我也不是很有自信，但在製作給客戶的資料時，部內常常會提到『改變情節』呢。也就是一開始先說這個，再來是這個，這種話題走向的改變。」

「嗯，要說現在是什麼感覺的話……

・企劃的概要

・服務的概念

・設想的目標

・具體的業務流程

・收支計畫

・開始之前設想的作業行程表

是這樣的流程呢。可是，怎麼樣呢，事業創意的這類簡報，不管在哪或多或少都是這樣的流程不是嗎？過去的優秀作品是怎樣的呢？因為沒有留意過情節，所以想不起來啊！」

「我想，即使談到的內容相同，但改變談話的順序以及整體所佔的比例等等，就能表現出特色吧！這麼說來，負責行銷的人經常會給『簡報資料的這一頁已經用不到了，所以刪掉吧』一類的指示呢。」

「原來如此。這麼一想，就是因為用『不管在哪或多或少都是這樣的流程』來進行談話，所以才會被寺岡大哥說『不過不失』啊。」

「要改變結構的話，也聽聽其他成員的意見吧！」

小菅她們馬上就採取行動。將手邊有空的成員找來餐廳，不能來的成員則用電話會議聯繫，開起了臨時的團隊會議。

小菅及和田交替地說明著想要修正簡報講稿的原委，剛開始大家都默默地聽著，但這個企劃的提案者，IT部的高石帶著些許不滿的模樣開了口：

「雖說要改變結構，但要怎麼改變啊？現在這樣我覺得也不差啊。該有的要素都已經備齊了，這樣還被說無聊的話，那就沒辦法了，也有抱持這種意見的人不是嗎？」

此時，從桌上放著的智慧型手機中傳出了聲音。是用電話會議參加的，營業部的島本。

「現在發言的是誰？高石嗎？我覺得那有點不對喔！還是該想想，我們是為了什麼才努力至今的。雖然也有大會的因素在，但在這之前，最終還是想成立新事業吧！為此，若不是能讓聽簡報的人感到吃驚而發出『哇喔』的叫聲，並讓他們說出『好，這樣的話我要來試試看』的內容是不行的不是嗎？」

「不，島本，當然我覺得那很重要，不過，該怎麼說呢，就好像只是在哪裡修飾了外表的感覺呢。就算沒有這種東西，只要企劃上有真正的力量的話，我覺得，會明白的人就是會明白。」

小菅沒有多想地插了嘴：

「等等，沒有說『只是要』修飾外表喔。我的意思是談論的內容相同，但想來改變要強調的點或是談話的走向。對此，或許雖然最終是以成立新事業為目的，但無視『在大會中獲勝』的這個目的，我覺得很奇怪呢。這麼一來，即便放在其他隊伍的發表中，也有必要留下更加強烈的印象」。

高石低下頭思考了一會，抬起雙眼後說道：

「哼嗯，我知道了。改變結構OK。只不過，又回到原來的話題，要怎麼改變才好呢？」

「評審似乎會重視的地方……，獨特性吧？像是把至今的常識都顛覆，之類的。」

「還有，單純有趣、有話題性之類的。」

「嗯，確實比起瑣碎的收益分析和業務程序等，可以說更重視那些呢。」

「那麼，依我們的企劃來說，這類的獨特點是？」

「可以用智慧型手機或網頁來預約試穿！」

「不，這個的話現在某些美容院以及和服教室也是一樣的。」

「可以輕鬆得到茶會跟和服試穿會的情報！」

「這也一樣啊。有在出入區民中心或是文化中心的話，經常會映入眼簾呢。」

「嗯—，這樣啊。重點是將和服、茶道和花道等，在網路和直播的兩方面更加曝光，並弄成時尚的玩意呢。」

「對對，向時尚雜誌的編輯長打聽時，他興致勃勃地贊同了呢。『在煙火大會時要穿浴衣，已經成為年輕人之間的習慣了，所以還有更多其他方面可以嘗試不是嗎』之類的。果然還是這點比較有衝擊力呢。這裡就下定決心來標榜它不是不錯嗎？」

之後，成員們的議論在「怎麼做才能傳達這份魅力」的話題上，熱鬧了好一陣子。

小菅終於對「重新思考結構」所說的意思，感到有所領會了。

P71

CHAPTER 3 SECTION 1

【簡報的準備：步驟3－1】

決定引導聽者的方法—要傳達什麼

為了決定「要傳達什麼」，要站在聽者的觀點來思考

收集好聽者的情報後，在接下來的步驟3中要來思考，藉由簡報如何來引導聽者的思考和情感。在本節中，會將步驟3再細分為2，步驟3－1要來解說決定好「要傳達什麼」之前的部分。

若將「要傳達什麼」進一步分解，大略可分為以下的思考程序。

- 聽者從簡報前的狀態轉變至作為目的的狀態為止，對此，找出似乎會有疑問或反論的部分
- 將找出來的疑問加上優先順序，鎖定這次的簡報中必須談論的論點
- 對於各個鎖定好的論點，考慮好由己方來答覆的訊息
- 關於支持各訊息的邏輯或事例等，考慮必須為了聽者而補充的情報

這些並不一定要由上到下的順序來進行，像是在考慮訊息的期間，想到了別的「聽者似乎會有疑問的點」，或者幾乎同時思考著訊息與其依據這般，同時並進或者順序相反都是十分有可能

的。

重點是，暫且封印「自己想講的事」，集中在從聽者的立場來找出「聽者似乎會有疑問的點」。若要說為什麼要採取這種途徑的話，這是因為要讓簡報成功有著兩個大敵，「厭煩」和「將含混不清的感覺置之不顧」的緣故。

聽者在簡報期間，並非總是集中地持續聆聽。就算看起來非常安靜地坐著也好，集中力也自然地會在半途中斷。這種時候，若是繼續說著聽者沒什麼關注的話題，就有相當高的機率會導致「厭煩」。「這個人說的話和我沒關係」、「這種話題真無聊」，而不再繼續看下去。一旦陷入一次這樣的狀況，想要重新挽回，可以說是最困難的技巧。

因此，順著聽者關注的話題，並不是指在簡報的哪個時機點、講幾次才好的這種水準，而是像要維繫容易中斷的聽者集中力一般，必須盡可能不偏頗地將整個簡報都填滿。這點在下一節會提到的組織情節中也必須要注意，而在此之前的階段，在決定「要傳達什麼」時，先仔細思考過也是非常重要的。

此外，聽者在聽你談話時也不可能總是率直地接納。在內心同時挾帶著「真的是這樣嗎？」、「只憑現在的說明沒辦法理解呢？」、「雖然這麼說，在○○情況下又怎麼樣呢？」等等，這類疑問和反論來聆聽的情況也有很多。這種反應本身並不一定是壞的。雖然依反應程度而異，但這也是聽者「有在聽」自己談話的證據，可以說是一種好事。只不過，之後的談話必須去消除這些疑問和反論。沒有消除疑問和反論而使聽者的心中累積起含糊不清情緒的話，會產生出對談話者的不信任感。這麼一來，簡報要成功是幾乎沒什麼希望的。

因此，搶在聽者之前去思考，「（談論這種話題時）聽者似乎會想到的問題」並準備好答覆，是有其必要的。

找出「聽者似乎會有疑問的點」的線索

要找出「聽者似乎會有疑問的部分」，則要最大限度活用步驟2進行的「理解聽者」，聽者在追求什麼、掛念著什麼、對什麼難以順利理解，必須要冷靜地去思考看看。

雖說如此，這種作業的難易度相當地高。由於對談話的自己來說早已是清楚明白的內容，所以，即便是聽者會感到疑問的部分，自己也察覺不出問題。在此，就將以下的「人在想掌握事物時，典型的觀點設置」拿來應用，當成思考的契機試著想想看吧！

①由整體到部分

首先，是掌握大略的整體形象，並將構成這整體的各部分分開來的思考方式。舉例來說在財務成績中，先論及營業額和利益，之後再從營業額的組成和費用各個項目來看的這種印象。可以用在將某件事進行客觀的說明或報告時。

②時間系統的流向（過去／現在／將來）

這是在說明某種狀況時，希望能預先掌握好的觀點。舉例來說，要說明「最近的年輕人不太愛買車了」時，這種觀點能夠掌握「過去怎麼樣」、「現在如何」、「未來似乎會變成怎樣」等等的疑問。

③問題解決的流程

在所謂的提案行銷或是在某些措施上，要訴求贊同和協力等時候，所希望掌握的視角。問題解決的流程是指：

・問題的明確化（問題是什麼）
・特定出問題的部位（在這種狀況下，哪裡特別是問題）
・掌握重點因素（為什麼那裡會發生問題）
・制定解決方案（怎麼做才能解決）
・實行解決方案（如何來實行解決方案）
這種思考流程。

④比較優點／缺點

提出選項，並希望在這當中下決策時可以使用的觀點。列舉選

【圖表9】找出聽者疑問的線索

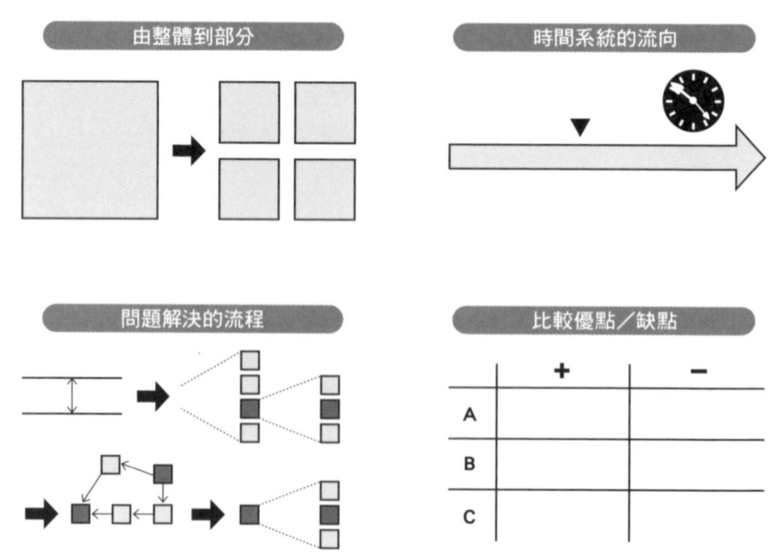

項、制定評價的項目之後，舉出關於這些項目各種選項的優點／缺點，或者是可以期待的事／有所懸念的部分等等。

就如這樣，首先，一邊運用上述的模式，找出聽者著眼點的候補，然後比照聽者的關注和至今的知識去思考「會不會覺得有疑問」，再來對話題進行選擇、取捨吧！

選擇、取捨時的基準，是「為了在聽完這個題目的簡報之後，轉變至我們設定為目的的狀態，聽者會對怎樣的疑問更加重視呢？」這點。

因為是以「聽者似乎會有疑問的點」這種觀點篩選出來的內容，所以，聽者應該都會抱持著關注。但即便如此，要談論所有話題的話，會有時間不夠的疑慮。要將聽者的疑問中特別具有關注的部分、有意外感的部分為優先，關注較低、可預料而沒什麼驚奇的部分則予以省略。

只不過，並不總是「在想談論的許多內容中，鎖定出聽者真正有著較高關注的話題」這種狀況，舉例而言，當簡報時間定為30分鐘，也會出現需要「加料」來填補時間的情況吧。而這種情況也還是不該漫不經心地增加話題，要增添的，是聽者的興趣、關注較強的話題。

穩固住回答聽者疑問的訊息與邏輯

若看清了在簡報中會觸及的「聽者的疑問」，這次則要對此來製作「答覆」。在本書中，將這個「答覆」的部分稱之為「訊息」，然後支撐訊息的理由和根據部分則稱為「邏輯」。

雖然是稍嫌瑣碎的話題，但聽者的疑問可分為，對簡報主題整體有關的根本性的疑問，以及將其細分之後對各論點的疑問，又或是從談話者的發言中擴大聯想所衍生的疑問。舉例來說，「要進行成立新事業的提案」的簡報中，「應該從事這個新事業嗎？」是根本性的疑問的話，「接下來數年的銷售目標如何？」、「人員的津貼怎麼辦？」、「其他競爭公司可能會有怎樣的反應呢？」等，則是個別論點或衍生的疑問。對前者根本性疑問的回答，亦即會成為所謂簡報整體主軸的這個訊息稱之為主要訊息，個別論點和衍生疑問的答覆，則稱為次要訊息。

在穩固訊息之際，基本上對聽者的疑問應該盡量直接地回答。例如聽者明明對「為什麼這個事業有進行的必要呢？」抱有疑問，卻提出「會以這樣的安排來進行準備」這樣的內容來當主軸，那就是推測落空了呢。若被問到「為什麼？」就回答「因為～」，像這樣用理由來回答是其基本。

像這樣明顯偏差的狀態雖然不值一談，但其實再稍微微妙一點的場景，則是時不時會出現。當聽者思考著「進行這項措施的優點是？」，對此卻回答了「不做的缺點」這種間接回答的情況，或是對「誰是主要負責人呢？」的詢問，卻用「要成為一體來努力」這種提高抽象度、模稜兩可的狀況等等。

並不是要一概否定這種訊息的做法。但是，姑且不論在實際的簡報時要不要說，在準備的階段就應該先仔細考慮好「若要直接回答聽者的疑問時該怎麼說」。無法直接回答的情況，多少會有被聽者認為是「迴避」的風險。而若是「直接回答就會變成這種訊息，這樣的話還是用間接（或者是稍微曖昧一點）訊息的做法接受度會比較高吧」，在考慮過風險之後仍舊這麼選擇的話那也沒關係，希望能避免，處在對這種差別沒有自覺的狀態下。

其他，特別是在考慮訊息的表現方式之際，注意以下幾點吧！

①是容易理解、不會引起誤解的表現方式嗎？

雖然是極為基本的話，但實際談話時，若聽者沒能順利地理解的話可就沒有意義了。根據看法不同而有可能理解成各種不同意義的表現，要盡可能地去避免！明確出主語、述語，將一句話盡可能地縮短也相當有效。「若是～的話、就是～」，或是「在～的條件下、在～的時候、可說是～」這類結構複雜的文句，用眼睛閱讀時能不那麼辛苦地去理解意思，但在聽到別人說話時，卻會變得難以理解。盡可能地，將文章分解成單純的構造吧。

②對聽者來說，是有魅力的表現方式嗎？

即使說出來的意義相同，也有著各式各樣的表現方式。比方說，想要報告下一期的採用計畫時，不管是說「就算樸素而不顯眼，但擁有著僅此一點明顯比其他人更優秀的長處，讓我們優先採用這種人吧」，還是說「雖然微弱，卻有隱微閃耀著光芒的部分，讓我們來發掘這些鑽石的原石吧」也好，所指的內容並沒有改變。此時，選用聽者會有好印象的表達方式。步驟2中確認好的「聽者的理解」，在此將大為活躍。

配合訊息的製作，構築起讓該訊息具有說服力的邏輯。若是有介紹事例的必要，也在此時先行考慮要介紹什麼事件的哪個部分。

在穩固邏輯時應該注意的點，與考慮上述訊息表現方式時要注意的點是相同的。

③說明不要超出聽者的理解

即使客觀看來是正確的理論展開也好，超出聽者理解的深入說明是應該避免的。舉例來說，對電腦不甚理解的聽者，當對他說明軟體時，即便驅使著程式設計的專門用語來說明，聽者也是沒辦法跟上的吧！雖然這是稍微極端的例子，但像是業界用語或業界習慣之類，當立場不同，有些事情意外地並不為人所知。

④要讓聽者認可的關鍵部分，放上確切的邏輯

就如在訊息方面有「扣人心弦的表現法」，在理論展開上也有「扣人心弦的展開法」。舉例來說，或許某些人只要經常運用具體的數字就會有所認可。又或者，某些人對數字比較過敏，重視的是談話者有沒有強烈的熱情。看清聽者喜好的關鍵，在該處用上確切的邏輯是成功的關鍵。在關鍵處放上確切的邏輯，反過來說，也要意識到不是關鍵部分的說明就要盡可能地省略。

特別是②和④的「能扣人心弦嗎」這種觀點，在選擇介紹的事例時也非常合適。來看看【失敗例5】吧！

失敗例 5

田邊直美，以為是絕佳的事例，聽者卻沒有反應

田邊直美任職於個人清潔用品大廠F公司，擔任市場銷售總監。F公司在業界內也以獨特的市場策略而聞名，雖說在業界內的市占率大約位在第3、4名，但卻有一年中好幾次推出熱銷商品的實績。

F公司的市場銷售總監，是總括處理某一條商品線的全商品品牌和銷售措施的負責人，在公司內部是僅有6名的專業職。2年前升

格的田邊藉由投稿以及業界新聞和雜誌的取材，漸漸為人所知。

對這樣的田邊，從某個地方都市的工商協會，寄來了希望她擔任研究會講師的委託。當地企業的經營者，有心想向她學習市場銷售的思考方式。

身為研究會發起人的吉橋，用電話和mail進行了事前的商量。

「是怎樣的人會來參加呢？」

「是經營者，現在有18名想要參加的人，到當天為止或許還是多少會有增減。業種是食品超市、書店、家具行、不動產等等，以零售業和服務業為主。年齡從30歲到70歲，相當廣泛唷。還蠻偶然的，全員都是男性，雖然工商協會本身也有女性參加就是。」

「主題是市場銷售的思考嗎？要把重點放在哪裡才好呢？」

「大多的參加者都是從事與地域、生活很緊密的產業，而毫無例外地，隨著高齡化地方市場正在縮小。至今的顧客們不斷地減少，在這種趨勢中，要如何增加供給、喚起需求，如果能談論這類話題那就太好了。由於人數並不是那麼多的緣故，一開始先用一定程度的時間進行演講後，採取較長時間的直接座談式問答，希望能以這樣的形式來進行。」

「原來如此，我明白了。我會努力幫上忙的。」

當天，田邊的演講沒出太大問題，順利地進行了。談到重點部分時，參加者不是深深的點頭就是抄寫著筆記，反應非常的好。

雖然如此，在演講後的問答時間中，田邊發覺到了一件事。在與參加者的對談中，田邊得知了演講中所強調的其中一點，「用來勾起大眾關注的手法」的這份印象不太為眾人所理解。演講中引用了近年熱銷商品的防蟲劑和芳香劑CM為例，是從開頭就用去稍長的時間仔細談論過的部分。田邊試著委婉地打聽了之後，其中一名參加者邊微笑著邊說：

「哎呀，田邊小姐，雖然很不好意思，其實我並沒有實際看過那個CM啊。太忙了以至於沒時間看電視了呢。不過，貴公司的CM在社會上蔚為話題，這種事情也有被新聞或雜誌所報導，因此還是知道的唷。」

田邊在無意間環視眾人，他們大多似乎也是相同的情況。雖然田邊在拿CM當例子時，確實以口頭補了句「各位有看過這部CM嗎？」，但似乎是顧慮到此時誠實地回答「不，沒有看過」的話，氣氛會變得很糟，才成了這種狀況。

「啊，我才是，居然沒注意到，真的很不好意思。說的也是，各位身為老闆非常忙碌呢。這麼說來，難不成這個芳香劑和防蟲劑，對實物的印象也不是那麼的……。」

「也是這樣呢……。不過，就如剛才說的，這東西似乎在社會上蔚為話題這點還是知道的呢，演講的主旨有傳達到唷。」

「非常感謝您的體諒。那麼，就稍微再對企劃這些商品販賣策略時的重點，來進行補充……。」

田邊用手持的筆記型電腦，將電腦裡的CM影片檔重新播放給大家看，雖然巧妙地在現場彌補了疏失，內心卻冒著冷汗。

（好險好險，這次是剛好在結束後有直接座談的時間才發現了這點，要是普通演講形式的話，就會在沒注意到的狀況下結束了。本來應該會以開頭的那個事例一口氣引起興趣的呀）

【失敗例5】田邊小姐的情況，是雖然想以CM的話題來引起興趣，聽者卻沒有對那方面的關注。這是個在田邊小姐公司的CM中出現的商品的使用經驗等方面，設想上有所差異的例子。配合聽者的知識和關注度，看是要改變看CM的方法，還是乾脆就不要觸及CM，以別的話題來引起興趣，這些是應該要去考慮的吧！

CHAPTER 3 SECTION 2

【簡報的準備：步驟3－2】

決定引導聽者的方法—如何來傳達

思考引導聽者的情節

在簡報方面，當包含在「要傳達什麼」其中的話題與訊息穩固之後，接著就是要思考如何來配置。換言之，就是話題排列的順序、各話題的導入與總結，以及整體簡報的導入與總結等等。在本書中，將這些統稱為「情節」。

要來構築情節之際，思考當提出某個話題時，聽者接下來會想聽的、想知道的事吧！以按順序回應的形式來製作出情節。實際上，從最終希望讓聽者理解的結論出發，去反推為了讓聽者理解、認同這個結論，在這之前聽者是怎樣的狀態，這種思考的方式或許會比較容易去想像。而【圖表10】所表示的，是從話題的出發點開始，聽者關注逐漸轉移的印象。

情節之所以重要的理由，若用讀書、看電視或看DVD等情況來比較的話，就比較容易理解了吧！依書籍的情況來舉例，並沒有規定一定要從最開頭，一個字一個字的往下讀。可以從中間開始閱讀，也可以只讀自己有興趣的部分而將其餘都跳過。若是不明

【圖表10】思考引導聽者的情節

A
只有這樣？
增添為 B
原來如此。
這表示？
因為這樣
所以 C
原來如此。
舉例來說？
D
這麼一來，
總括來說？
所以 E

※讓聽者的興趣、關注、疑問不會中斷，以連接接下來話題的狀態為目標

白自己閱讀著的內容，也可以重讀前面的部分來確認。影像軟體也是同樣的呢。要是判斷為不重要的話，就可以快轉跳過。一次看不懂的部分，也可以回去再做確認。

而與之相對的，簡報則沒有辦法這麼做。雖然在有發放資料的情況下，可以先跳到後面或是為了確認往前翻等等，但這終究也只是對資料來說，對談話者的簡報進展，聽者是無法改變的。基本來說，按照談話者所出示的順序來觀看投影片（同時聽著簡報），當全部的投影片結束之後，整體來說究竟有什麼會留在聽者的印象中，這點是關鍵。

就算其中某部分的內容、某一張的投影片非常出色，若聽者對簡報整體走向的某個部分沒能理解或是感到無聊的話，之後便會對談話者抱有不滿，將會提高偏離談話者的意圖，開始以個人詮釋來理解的危險。最糟糕的情況，是放棄繼續跟上話題，之後說不定就連思考、聆聽也都放棄了。

當然，不管是文書也好影像軟體也好，都不能太過偏離聽者的關注，所以必須對吸引聽者多加留意。但是，簡報的情況更是如此，從開頭就盡可能地不讓人厭煩，持續不變地「吸引」聽者的關注，留意這點可說是有其必要的。聽者並不一定都對演說者是善意的。對談話者沒有關注，說不定也有抱持著敵意的狀況。由此將其引導到視為目的的狀態，必須要如【圖表10】一樣進行誘導，讓人重複去想著「原來如此」，而這種手段便是情節。

情節的原則

在設計情節之際要小心的重點，是話題提出的順序，以及整體時間對各話題的分配。而應該視為原則的思考方式則是以下兩點：

①通過整場簡報所主要想讓聽者知道的事，要盡早到達

至今雖然提到了好幾次，但重要的，果然還是避免聽者的「厭煩」。在迎來簡報的當下，在聽者的腦海中有著「今天能聽見這種內容嗎」、「是關於這件事的簡報嗎？這麼說來，這件事是怎麼回事？」一類的期待與疑問。對其中的主要部分，要在盡早的階段來回答，對此多做留意吧！

不過，這並不只表示沒頭沒腦的把結論拿到開頭來即可。此處要兼顧步驟2中看見的聽者心理狀態，即使突然之間就把結論丟出來，也可能會有聽者的思考和情感還沒跟上的情況。這種時候，當然，抵達結論前的鋪陳與說明還是有其必要，只不過，就算是這樣，「盡早」到達這點仍是必須要留意的。

若是在到達結論之前，不經過好幾級的台階來說明，就似乎沒有辦法讓人理解的情況下，也有提早進行結論「預告」的這種手法。像是「今天預定要來談論○○，詳細情形接下來會按順序進行說明」這樣的情況。

②整體簡報中聽者高度關注的部分，盡可能地分配多一點時間

由於整體簡報中應該要舉出的話題與邏輯，應該早在步驟3－1中就已經取捨、選擇完了，所以會覺得再來只要決定好提出的順序就結束也說不定。

雖然如此，但實際談話時還有提出話題前的「鋪陳」，或是為了說明而進行的補充，意外地在時間分配上會與當初預想的有所偏差。

所以，在實際考慮話題走向的步驟3－2中，必須去檢查是不是能繼續遵守「盡可能地將多一點的時間，分配給聽者有高度關注的話題」這個原則。

簡報失敗大多的情況，是情節脫離了這個原則。

換言之，談話拐彎抹角而沒有進入正題，或是東扯一點西扯一塊等等，這些都是從「盡早進行主要話題」此一原則偏離的案例。

或者是，內容有著超出必要的複雜，而在從正題來看不重要的話題上花費了過多時間。這個案例則可說是沒有遵守「盡可能地注重主要話題」的原則。

情節的典型例子

在情節方面，並沒有什麼正確答案，雖說依簡報的主題、目的以及聽者的不同可能會有各種模式，但還是存在著幾個典型，所以在這裡為各位做介紹。

①諮詢提案型

如同諮詢公司的報告般，開頭就直接提出結論，接著集中在約2～4個理由上進行說明，又或者，說明解決的策略，這樣的進行方式。因為直接提出了聽者想要的情報所以很有效率，在商務的場面中作為溝通的方法，可說已經是定型了。在法人事業中進行統整好的提案時，或是公司內的企劃立案和報告調查的結果等等，由於原本就與聽者共有問題的脈絡，比較適合這種單刀直入地進入結論的場面。

②Wikipedia（百科全書）型

像是Wikipedia（百科全書）對一個項目進行說明一般，先表示概要，接著以細部的詳細說明、來龍去脈、實績數值、相關事項這種順序來表達的流程。

雖然不過不失、沒有起伏的流程，但對聽者來說比較容易預測話題的推展，有不易混亂的優點。像是在公司內說明政策的細節等，這種預先建立好讓聽者聆聽談話內容的氣氛，並且有著複雜的傳達內容時相當合適。

③起承轉合型

開頭先從容易與聽者有共鳴的話題切入，然後在與此保持關聯的同時，慢慢地誘導到本來目的的內容附近。中途混入一些讓聽者意外（類似新發現）的觀點，最後進入視為目的的結論裡的一種流程。

雖然與83頁的圖很類似，但為了製造起伏而在途中加入的「轉」，則是凝聚用心之處。因為稍嫌有點單方面的感覺，不到能讓人做出決策，是適合以理解和共鳴為目的的簡報吧！。

④冒險小說型

就如冒險小說或懸疑電影一般，在開頭或是盡早的階段就提出為聽者帶來驚奇的話題，接著開展內容來引起憂慮（或是雀

【圖表11】情節的典型例子

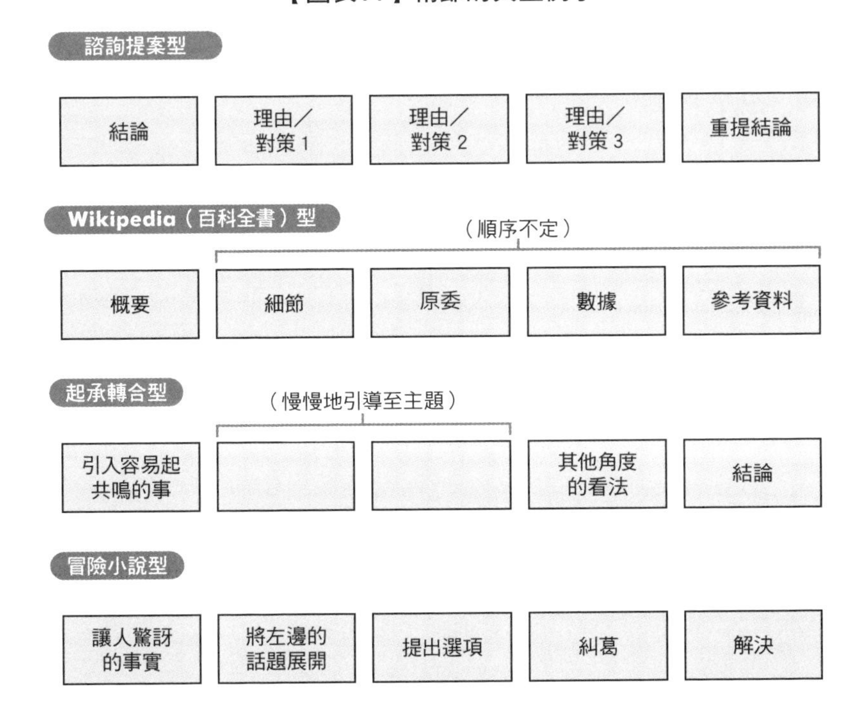

③
❷

躍），中間到末尾則向聽者提出讓人糾結的選項，最後再表達結論的一種流程。

在創作情節時，雖然很要求創造性，但只要成功就能留下強烈的印象。在聚集起一般大眾進行演講時，試著挑戰看看吧！

掌握聽者的心

到前項為止，提到了選擇聽者關注的話題與訊息，然後也寫到了關於情節的內容，這些與整體簡報有關，換言之是宏觀等級的話題，而接下來想來論述的，則是較為微觀的與正題沒有直接關係的穿插用話題，以及在談話中使用的句子等級的工夫。

①讓別人對你的存在起共鳴

讓聽者採取動作的原動力，「共鳴」是其中之一。那麼，共鳴是從哪裡產生的呢？話題的內容當然很重要，但是身為演說者的你，重要性也是不相上下。

不讓聽者胡亂猜測或是去揣測背後的意思，而將談話者的話語和行為舉止直率接收的狀態，可說是最理想的吧！像這種對彼此互相信賴，抱持著安心感的狀態稱之為投契關係。在談話之前彼此都還不太熟悉時，希望能盡早，特別是在自我介紹和引導的階段，就構築起這種投契關係。

因為重點放在共鳴上，你和我有著共通的屬性，抱持著相同的興趣、關注，對同樣的事情吃驚，對同樣的事情懷念，對相同的事感動……，像這樣提出有著相同感受的話題。

舉例來說，「在來這座會場的途中，通過了翠綠的林蔭道呢。

再過不久就是夏天了啊」，或是「洋基的田中將大又贏了呢。真是厲害啊！」，混入這類閒聊並不單純只是要讓聽者放鬆，提出自己與聽者似乎會有相同反應的話題，也有營造出充滿「共鳴」現場的目的在，意識到這點吧！

②表現出恰到好處的權威

以一般的傾向來說，人比較容易接受自己認定為有「權威」的人所說的話。比照聽者與自己的關係，不能有不相襯的虛張聲勢，但當有相應的佐證時，要不留痕跡地表現出，自己在這個話題方面有著在人前談論的權威，對此抱有意識吧！

這不單純僅限於在自我介紹時提及頭銜和實績，在說明中介紹自己經驗過的事例，或是引用名人和專家的話語及體驗，也能夠不動聲色地表現出權威來。而一邊提問一邊進行的做法，也有暗示「主導權握在發話者手上唷！」的效果。話雖如此，但若太過露骨的話有招來反感的危險，「恰到好處」地進行是此處的關鍵。

③去除不安和迷惑

訊息和邏輯在創作情節時已經設想好，對於簡報，聽者可能會有的疑問和反應，但在現實中，除此之外聽者還抱持有各式各樣的掛念。例如像是「什麼時候會結束呢」、「桌子上的資料是用在什麼東西上呢」這一類的狀態。

在開頭先預告整體的概要與時間分配等等，看準的是讓聽者安心的效果。在想要提問的情況下，作為應對採取答辯的時間，或是說明發下去的資料裡有些什麼內容也是相同的。時間較長時，事先將其分成好幾個部分，也有讓聽者清楚剩餘時間的效果。

另外，在最後的總結部分，將至此所談論的內容再次統整，或是對有什麼希望在簡報後採取的行動進行提醒，這些都是看準了不讓聽者留下疑惑的效果。

④避開「地雷」

聽者的「共鳴」很重要，換句話說就是要盡可能避免「與聽者起不了共鳴」、「可能會招惹聽者反感的事」。當然，也有在正文部分不得不說些讓聽者感到刺耳的內容的時候吧，但在核心之外的部分，有必要去避免這類惹惱聽者的事。

接著的【失敗例6】當中的室井先生，雖然本人並沒有那個意圖，但以結果來看，還是說出了得罪聽者的話題，而落入去擔心如何挽回的窘境裡。

失敗例6 室井新太郎，在意想不到的話題上踩到了聽者的地雷

室井新太郎是出租業G公司中，事業企劃集團的領袖。這次，他負責開發的店鋪器具租賃系統，獲得了以近畿一帶為地盤，零售連鎖店H公司的內定訂單。

負責向H公司進行行銷的山岸打來了電話：

「室井先生，成功了！H公司的那件事，似乎能取得訂單唷。」

「這樣的話就太好了！」

「關於這點呢，對方的店舖開發或財務這些有關部門的人們說，對這些日常用具和租賃的策劃，有些細節事項想要請教。室井先生或是團隊裡的人，有沒有人能來這裡談談話呢？」

「這樣啊，由我去吧！行程上……」

與H公司的會議安排，採取先進行問候的簡報，其中包含了對山岸的上司，G公司行銷分公司社長表達訂單的謝意。接著，再由室

井對用具本身的規格以及引進之前的日程等進行說明，最後，則交給山岸談一談今後的交易。

起身打招呼的分公司社長非常會說話，一連講了好幾個愉快的笑話讓參加者發出笑聲，營造出了相當和睦的氣氛。順著這樣的氣氛，室井也邊帶著笑容，開始做起自我介紹。

——或許大家已經察覺到了，經常有人說我跟人氣主持人J長得很像。雖然我最近胖了，過去瘦的時候可是更像的呢。被錯認成J主持人在居酒屋被喝醉酒的人纏上，就連在搭新幹線時被要求簽名這種事都……。

這是在客戶面前演講時，室井必定會用在自我介紹的「經典橋段」，然而這次的反應卻比預想中還來得差。偶然望見山岸，總感覺他好像在使眼色。

雖然一邊帶著詫異的想法，但還是順利地結束了預定的簡報內容並稍做休息。一到休息時間，山岸靠過來戳了戳室井的袖子，小聲地說著「借一步……」。走出房間來到了走廊的一角，山岸悄悄地說著：

「J主持人的話題，麻煩之後就不要再提了。」

「啊，那個話題？有什麼問題嗎？」

「其實是這樣的，在這裡的電視頻道中有J所主持的新聞秀，節目中正大肆報導著H公司商品的包裝偽造疑案唷。」

「欸！有這種事？唉呀，不知道啊！」

「也是呢，畢竟是關西地方的話題。只不過，J主持人在節目中，好幾次發表了相當辛辣的評論呢。H公司則對這種懷疑做了反駁，現在正處在對立中。」

「嗯—，怎麼辦呢？」

「哎呀，因為是與主題沒關係的開頭梗，現在才舊事重提反而很怪，我想對方也不會因為這點理由而公開表示些什麼。不過，在情感面上會有點介意也是確實，之後，晚上還有宴席對吧？到時希望能用其他不同的話題來炒熱氣氛。」

「說的也是。讓你擔心了真是不好意思。」

在聽者的印象中留下衝擊

到前項為止，關於商務場景經常出現的簡報，已經幾乎將它情節做法的基本部分解說過了。在此，想來談論在情節上要特意製作一些特色時的技巧。

一般來說，為了讓聽者放鬆，或是讓聽者對談話者的興趣延續下去，插入一些偏離主題的閒話或笑話，也是一個有效的手段。

此外，在許多的商務情景中，簡報的談話者與聽者的關係並非僅此一次，考量到之後還要維持長期的關係，先不論簡報的原本目的（例如「讓交易方的關鍵人物認可」之類），讓自己的存在往後也能伴隨著好印象留在記憶裡，也就是加入所謂代替名片的要素，這是非常重要的。

那麼，像這種一邊讓聽者慢慢放鬆一邊引起興趣的手法、留在記憶裡的手法，具體來說有些什麼內容呢？以常用的方法來說，可以舉出①笑聲②雜學③決定性台詞。

關於笑聲的作用，在各式各樣的演講指南書中都有談論。雖然重視的是在容易變得嚴肅的場合中，讓氣氛和緩下來這種脈絡下的效用，但也不能無視當簡報結束後，讓自己留下正面印象的功用。不過，作為一個現實問題，選擇「插在簡報中恰到好處的笑話或幽默」是相當困難的。能運用的話就是強力的武器，而難點就在使用之處上吧！

在運用笑聲時希望注意的，一個是自己迷人之處、特質的整合性。即便採取與形象不搭的搞笑也難以成功。以這個意義來說，【失敗例6】的室井先生所用的「我常被人說，跟（名人）○○長得很像……」這點，在與聽者近乎初次見面的情況下當成開頭的梗，可說有其泛用性（如果沒有長得像的人，就沒辦法使用是其弱點就是）。

使用時的第二個注意點，是要仔細看清自己與聽者之間的關係。一般來說，毀謗他人是禁忌，由於有著間接批判到他人疑慮，因此避免政治和宗教一類的話題會比較妥當。那麼，要說自嘲就可以嗎，太過低俗地獻醜果然還是不太好。話雖如此，但這些說到底也只是一般論，是在自己與聽者的聯繫並非那麼強烈的情況下。若是自己與聽者的關係很穩固的話，特意在關鍵時刻，說出「黑色幽默」或自家人的笑點，也可以是有效的手段。

展現雜學的門檻，或許比引人發笑還稍為更低一點。稍微從主題偏離也好，夾雜一些會讓人覺得「喔～」、「欸～」的話題更容易留在記憶中。而注意的重點是，雖說與主題沒有關係也可以，但在提出話題之際多少還是需要有點連結，以及拉得太長會導致反效果，簡潔、若無其事展現的做法會比較好的這兩點。

而有關決定性台詞，剛好在本書企劃開始的2013年中，流行過讓人特別有印象的台詞。就是補習班講師林修，在收錄了他講課情景的CM中所說的「何時開始做呢？就是現在吧」，以及在招攬奧運的簡報中，瀧川克里斯汀的「盛・情・款・待」。這可以說是展現出，即便遠離原本簡報的脈絡，只要漂亮地套上了決定性台詞，它將會如何地留在人們記憶中的好例子吧！不管哪句話，單從台詞的字面來看，絕非是說出了什麼特別的、凝聚了工夫的台詞。但說話時的身段和間隔，還有凝縮了整體簡報的訊息等，可以將印象度提高。

當考慮混入簡報中有效果的雜學或決定性台詞時，並不一定要由自己從零開始創造出來。不由得感到欽佩的豆知識，讓人直拍大腿的巧妙說法，用三言兩語表現出想表達的核心，在日常中遇到了這樣的東西時，就先將他庫存起來吧！

已故的史蒂夫・賈伯斯在史丹佛大學畢業典禮上，發表簡報時所用的那句有名的「Stay hungry. Stay foolish」，也並不是賈伯斯本人原創的。是引用自他年輕時愛讀的雜誌中的句子。擴展觸角仔細觀察四周來收集各種橋段，這種心態非常的重要。

第 3 章總結

以聽者的觀點找出「聽者似乎會感到疑問的部分」，決定在簡報中「什麼是必須談論的」

- 暫且封印「自己想說的事」，從聽者的立場來思考
- 使用「整體—部分」、「過去—現在—未來」這類的框架，廣闊地瞭望聽者的想法
- 以回答聽者疑問的形式，思考包含在簡報中的訊息與邏輯

從頭到尾吸引聽者的關注，思考引導至最終目的的情節

- 重點在簡報的時間中，保持一貫地進行誘導，讓聽者的興趣、關注能夠持續下去

  創作情節之際應該意識到的原則：

  ・盡早到達聽者主要想知道的事

  ・聽者有高度關注的部分，盡可能分配多一點時間
- 諮詢提案型、起承轉合型等，有好幾個情節範本，可以因應簡報的狀況來參考
- 在簡單的話題和措詞的層面上，讓人對自己起共鳴、表現出恰到好處的權威、一邊消除聽者不安和迷惑，一邊顧慮著去避開「地雷」等非常的重要
- 作為讓聽者對自己留下印象的手法，笑聲、雜學或是決定性台詞等等，也希望能依照狀況來積極地運用

CHAPTER

4

思考投影片的製作與演出

STORY

想把這張圖表放進投影片中，可是時間不夠！

臨時團隊會議一直到了深夜才結束，說好了改天再來重新檢視這次簡報中要使用的投影片。

由於也決定了情節的走向和「要標榜什麼呢？」這類的表現重點，作業迅速地進展。但是，放任勢頭想到什麼就直接來修正投影片的結果，小菅慢慢地注意到了麻煩的事。量太多了！因此在團隊會議的場合試著與大家進行商量。

「重新修正情節，才想著終於把時間收在10分鐘內了，但試著把投影片唸過之後，還是超過了時間啊。」

「不是沒必要把寫上去的全部念出來嗎？應該也有只說『詳情請看投影片』，然後就繼續進行的做法才對。」

前一次只以電話會議參加的島本，這次安排好了時間並且相當地積極。

「也是呢。確實這樣一來可以節約掉自己開口唸的時間，但結果還是要花費聽者默念內容的時間不是嗎？」

「哼嗯—，是這樣呢。看來不得不把投影片上寫的字句，比想像中的更加去凝練呢」。

「說到這點，比方說這張圖，說明了本次企劃中想製作的新網站它的整體構造。高石，這有需要嗎？」

高石立刻回答：

「那是當然需要的吧！要實際推展服務的話，這個入口網站可是重點啊！是怎樣的構造，我覺得是很重要的情報。」

「可是，在新改寫的情節中，並沒有那麼深入到對吧。正如剛剛所說，『詳情就請參考這裡』，只是稍微提及的這種走向唷。但是，如果這樣寫著的話，觀眾們會把放出來的圖片各個角落都讀過吧！這樣的話，我想乾脆不要放的做法會不會比較好呢？」

「讀了有什麼不好？」

「對談話者來說，是想要進行到下一個話題的唷。即便如此，聽者的視線卻一直盯著圖看，這樣很難進行吧！」

「在聽者掌握內容之前，某種程度的等待也是沒辦法的吧！」

「所以啊—。就說了如果這樣，時間上就很勉強了啊。」

在氣氛變得不融洽之際，和田強行地介入了。

「好了好了，比方說當成『參考資料』加進書面資料裡，在簡報中完全不提，不是也有這種方法嗎？在行銷的簡報中經常有唷。比起這個啊，寺岡大哥寄給優香的郵件中不是有提到『覺得視覺上的效果有探討的價值。圖片和影像，或者是什麼小工具之類的』嗎？也對這點來想想看吧！」

對這個提案，其他的成員也異口同聲的說出：

「不錯呢！」

「果然還是想要用圖片呢！」

「再多找一些年輕人或外國觀光客穿著和服走在街上的圖片吧！」

「對了，小菅姐穿著和服來簡報怎麼樣？」

「登場的BGM就用『春之海』吧！」

小菅雖然心中想著（大家，這麼熱烈的話，一開始製作簡報資料時就再多發表些意見啊！），但想了一想，看來由於最初是以「進行自我介紹、企劃的概要、網站的體裁、收益計畫」這樣來延續的「不過不失」結構之故，所以才想不出什麼點子的，像這樣弄成了吸引興趣的情節，才讓想法開始活性化了吧！

CHAPTER 4 SECTION 1

【簡報的準備：補論1】

製作投影片的技術

有了訊息與情節之後，才能製作投影片

有了訊息與情節之後，才來製作投影片

進行簡報或演講之際，一邊放著投影片一邊進行的情形，在商務場景中是極為一般的。但是，或許是太過定型之故，往往無視了把「簡報的準備」等同於「製作投影片」的風險。就如第1章【失敗例1】中出現的上島先生般，對目的以及聽者的理解虛應故事而急於著手製作投影片，這樣是絕對沒辦法得出好成果的吧！

還是要像一直以來解說的那樣，首先是簡報的目的，再來是理解聽者之後，決定怎樣的引導方式比較好，換言之，就是定下訊息和情節的骨架，然後才得以開始實際地製作投影片。這可說是應有的順序。

話雖如此，但在簡報之際，投影片在聽者的印象中占據了相當程度的存在感，這點也是事實。在投影片的製作方面，要配合像是音樂或小工具一類的其他演出技巧，這點也在步驟3「決定引導方式」中，特別進行了補充解說。

而有關做出易於理解投影片的方法，已經出現在各式各樣的書籍中，本書在此則要來一邊談論生意人往往會落入的「投影片的陷阱」，一邊對要點進行解說。

在一張投影片中取得整合性

製作投影片之際的原則，是「一張投影片一個訊息」這點。

在步驟3—1中，已經對要在簡報中提出的論點以及與此相應的訊息進行選擇、取捨了呢。而這些要如何排列，還有整體簡報的導入和總結，以及各個訊息的鋪陳，則在步驟3—2中對這類情節進行了設計。這些配合起來才是投影片的準備流程，但在此時，應該要避免將好幾個論點塞在同一張投影片中！

【圖表12】投影片的構成要素（例）

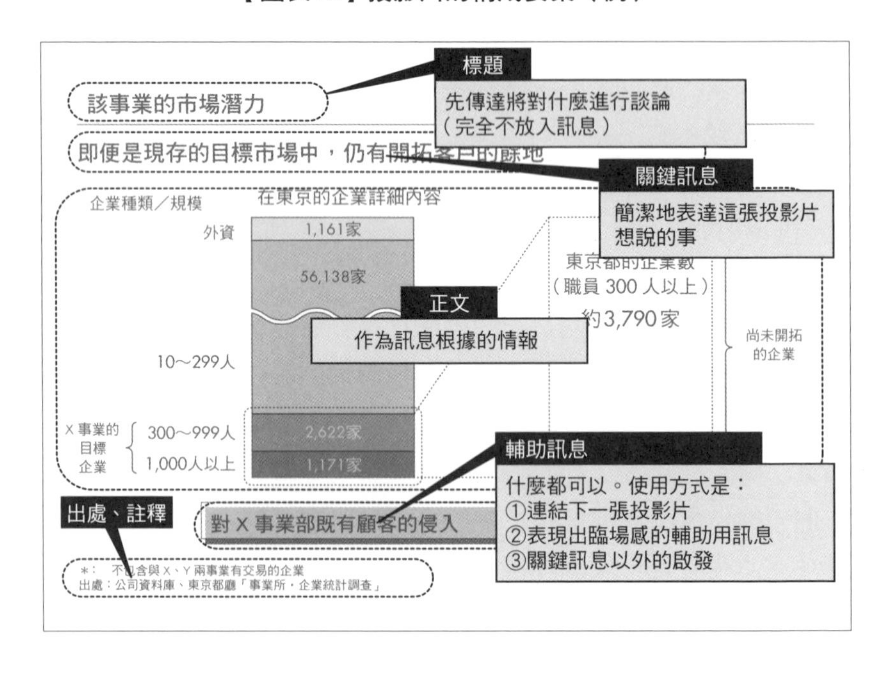

因為在簡報的期間，投影片會一直出現在聽者眼前，所以，聽者的關注和思考無論如何都很容易會被投影片所吸引。此時若在一張投影片中塞入複數的論點，聽者的思考走向很容易就會混亂。

以投影片的構成要素來說，有標題、關鍵訊息、正文等等。【圖表12】那樣的結構就是一個例子。正文有著只有文字的情況，也有放入曲線圖、圖表和照片等的情況。

筆者在學校和進修中看過許多生意人製作的投影片，其中最顯著的，是一張投影片中缺乏整合性的例子。舉例來說，就如【投影片例1】那樣的情況。

會變成這樣的其中一個理由，恐怕可以看作是想表達的訊息實際上並不夠穩固。因此，若能按部就班地照著至今的步驟進行，這種整合性上的混亂就能有相當程度的減少了吧！

另一點，則是「一張投影片一個訊息」的原則崩潰的典型模式。在GLOBIS的課堂中經常看到的，是放入了多餘情報的狀況。看看【投影片例2】、【投影片例3】吧！

這種加入了多餘情報的理由，常聽見的是「覺得有點冷清」、「不知不覺就想加點裝飾」等等。雖然明白那種心情，但是追加情報可能會有模糊焦點的危險，先把這點也記在腦海裡吧！

【投影片例1】

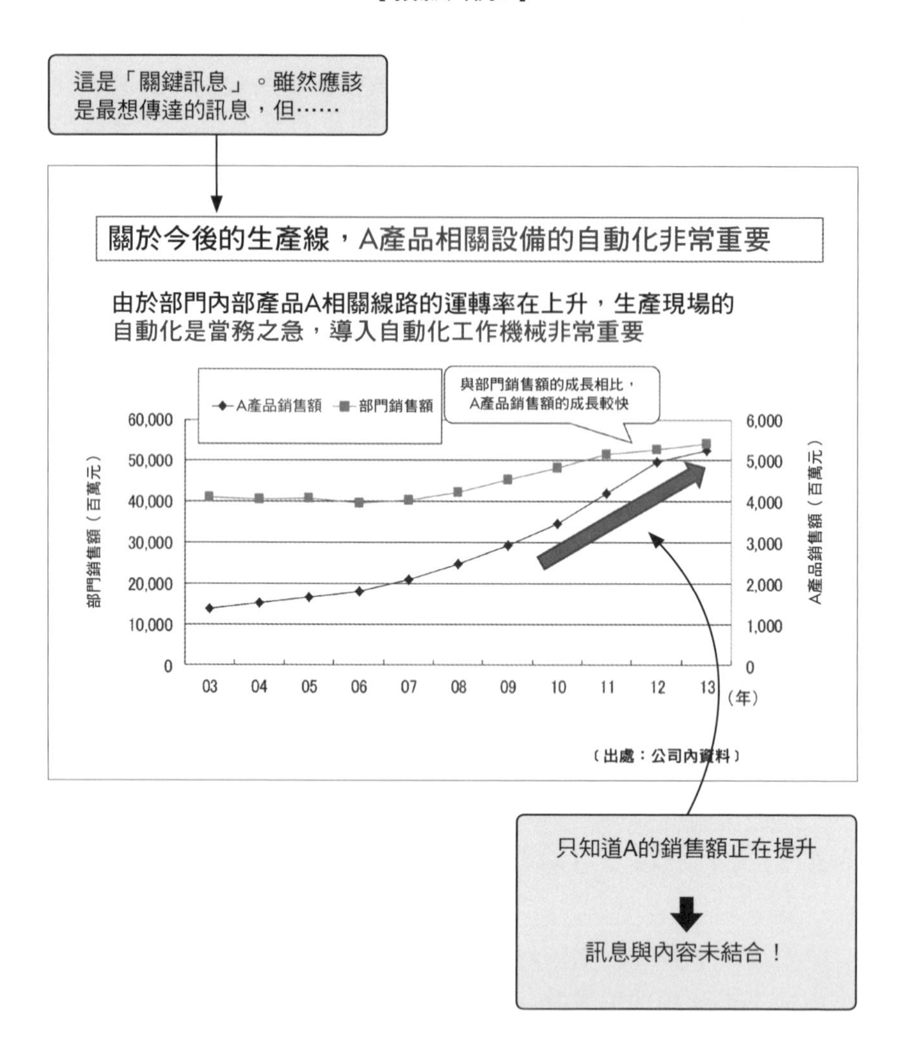

- 訊息中所說的內容與曲線圖所展示的內容並不搭。
- 從曲線圖來看，雖然能明白「與部門銷售額相比，A產品銷售額的成長較快」，但卻沒有連結到「自動化非常重要」的訊息上。

【投影片例2】

消費者正在尋找商量對象

從消費者的訪問中：

在零售店門口
・雖然嘗試了樣品，但想找人進行確認

化妝品專賣店・百貨公司
・還是會將諮詢人員所說的話當成某種參考

通信販賣
・好幾次因為衝動而購買，後來大多會對沒有去確認情報而感到後悔
・雖然會仔細讀過網路評論，但對是否能信賴而感到不安

美容沙龍
・會推薦形形色色的東西，但也會懷疑只是為了賺錢

照片與訊息並不搭，只是為了填補空白而已

● 無論如何都會將注視集中在插入的照片上，但是照片的聯想卻沒有與文章部分的訊息連結在一塊，會引起看的人的疑問。

【投影片例3】

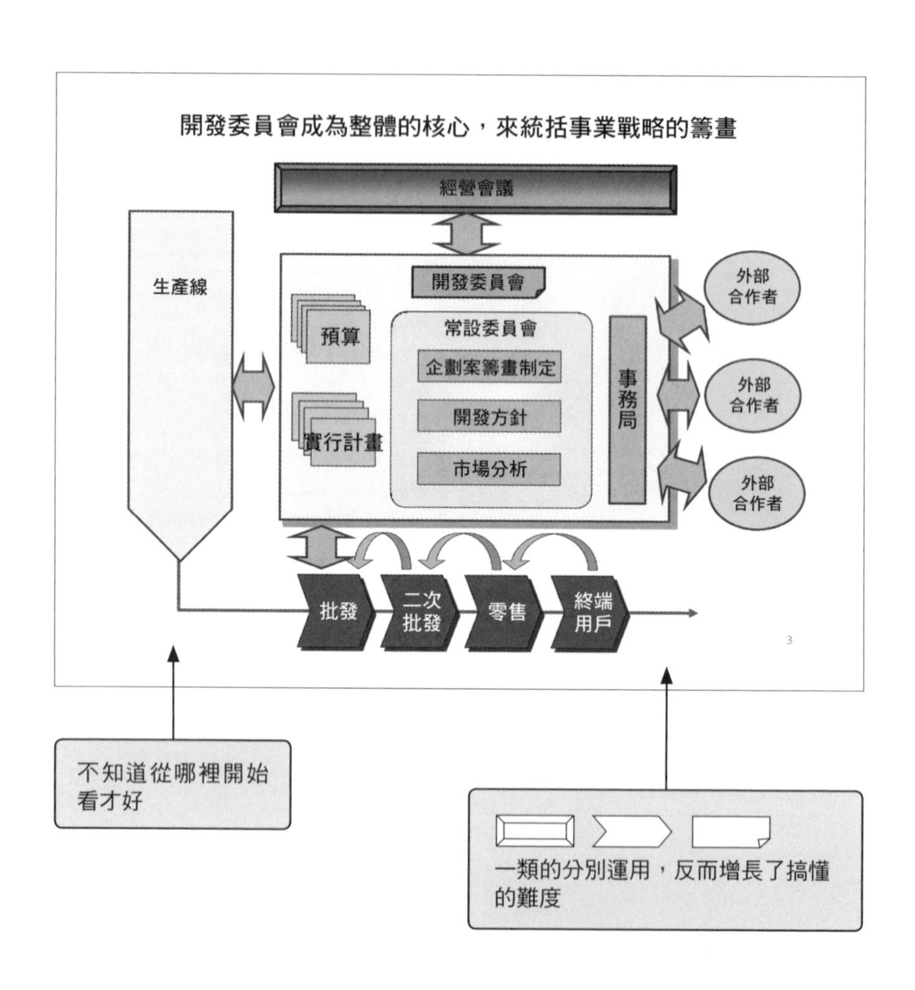

●框框、箭形符號、影子的有無等，加入過多的變化，反而難以直觀地明白這些符號分別有著什麼意義。

追求放在一段距離外時，看清的容易度

另一個製作投影片時的原則，是要徹底去追求從聽者的位置來看時，看清的容易度。聽者並非全都是親切地，會將演說者提供的投影片仔仔細細地看過。因為小小的契機而引起了「抗拒反應」的話，往往就會瞬間對整個簡報失去關注。此處希望要留意的，是「猛地一看」時看清的容易度。

舉例來說，注意以下這類要點吧！

①字體要有充足的大小

雖然很單純卻意外地容易犯的毛病，就是「字太小」這點。來看看下一頁的【投影片例4】吧！乍看之下，會覺得是列舉得很有條理，便於閱讀的構造。在電腦畫面上的製作階段時，最小的字（接在・後面的字）也能不勉強地看得清楚吧！但是當投影在螢幕上時，最好還是想成幾乎會看不見比較好！另外，就算有分發書面資料讓聽者之後能閱讀，仍有很大的風險會在投影出來的瞬間就讓聽者的情感冷卻。

②訊息（可以簡練的話）用文字來輸入

縱使是「只要閱讀曲線圖或表格就一目瞭然了」這種感覺的情況，瞬間情報量依舊比不上由漢字、假名寫成的文字。如果用文字來表現會變得太長，反而難以一眼辨別出來的情況先暫且不提，訊息應該要盡可能以文字來表現！這樣，可以減低聽者不照自己所想的來解釋的危險，也有包含有這層含意在。

【投影片5】上的圖也是，對照標題和曲線圖來看的話，確實傳達了想說的訊息也說不定。只不過，還是想要留下更多的衝擊，

【投影片例4】

這裡的文字是18級字。在投影片上，最小也要有18級字。

從我們公司的歷史來學習

■ 創業期

・技術、銷路等皆未確立，市場還未成熟。顧客沒有商品的知識，情報並不對稱。
　⇒注力於成立新事業、開創市場
・活用身為先驅的利潤，構築本公司的優勢的流通管道，對於競爭者則發揮市場進入壁壘的作用

■ 興盛期

・以本公司的優勢地位為基礎，在高度經濟成長下，享受市場擴大帶來的好處
・以管道形成的市場進入壁壘為根基，推動垂直整合以降低流通成本，確保潤澤的利益率
　⇒以對零售商有強大發言力的體制進行最優化

■ 成熟期

・隨著零售業生態多樣化、全球化的進展，競爭者的追擊變得劇烈，販售成本增加，在市場的成熟化的情況下，不得不參加降價／追加附加價值的競爭，利益率惡化
・新的替代品出現＝＞過去的優點變得不再適用的時代

■ 今後的展望

・情報氾濫的時代，難以藉由廣告或構築品牌來達成差別化
・新興企業變得容易繼續生存，經由網路等管道之間的競爭也將持續劇烈下去
　⇒尋求與複數的管道構築起等距離、靈活性的關係

與多樣的夥伴並進、開拓，這種思考模式是必須的

這是13級字。字太小而難以看清

●較小的字聽者很有可能會看不清楚。一般來說，字體的18級字是閱讀時不感到勉強的極限。這張投影片中的「創業期」、「興盛期」等文字是18級字。

【投影片例5】

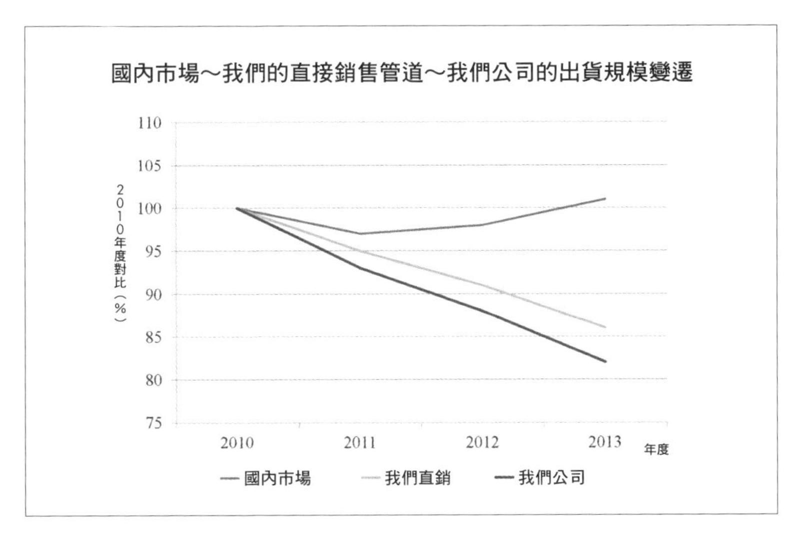

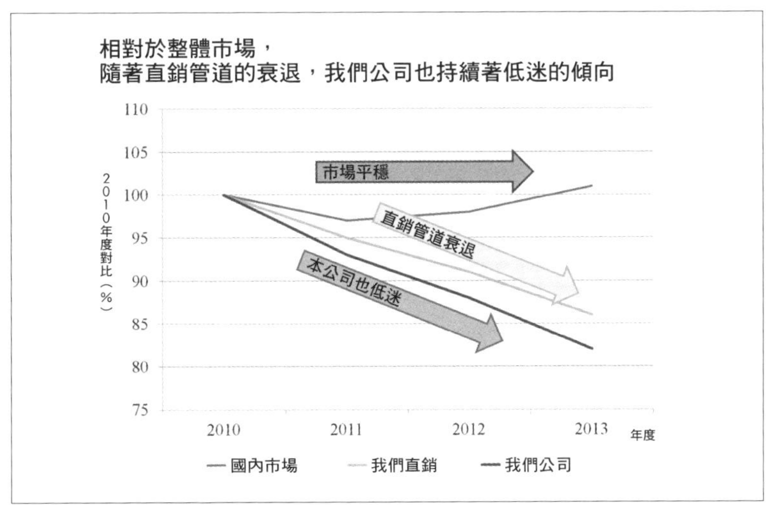

● 上圖是只單純把圖表拿來用的例子。標題也僅僅是寫上了「對什麼進行了調查」。

● 下圖的箭頭符號和文字，將想表達的事情加到了圖表上。此外，也讓標題帶有了訊息性。

當首先注目著這點來思考的話，如下圖般藉由文字來強調的做法，效果會更為增加。不過，仍是以遵守前述「一張投影片一個訊息」為前提。在一張投影片中這種強調過多的話，反而效果會變弱的吧！

③用強調線或著色時，與其餘部分的區別要很明顯

底線或是上色等，有各式各樣用來點綴投影片的手法，但是是為了什麼而點綴，在仔細思考目的之後再來使用吧！在想要直截了當地傳達邏輯和訊息的這種投影片中，用上形形色色的點綴是個值得商討的難題。像這樣的情況，說到底還是要鎖定在「把想變顯眼的部分變得引人注目」的目的上來使用。原則上是加大「點綴」與「其餘的部分」的區別。

另外，在PowerPoint的圖表製作機能裡，可以產生各式各樣的效果加入結構中，往往一不留意就會去使用。雖說若是用在之後還會再重讀的資料上的話，是相當有效果的機能，但是在一邊讓人看一邊談話的簡報用資料來說，反而會有難以閱讀的危險，所以要非常注意。舉例來說，看看【投影片例6】和【投影片例7】的圖表吧！

【投影片例6】

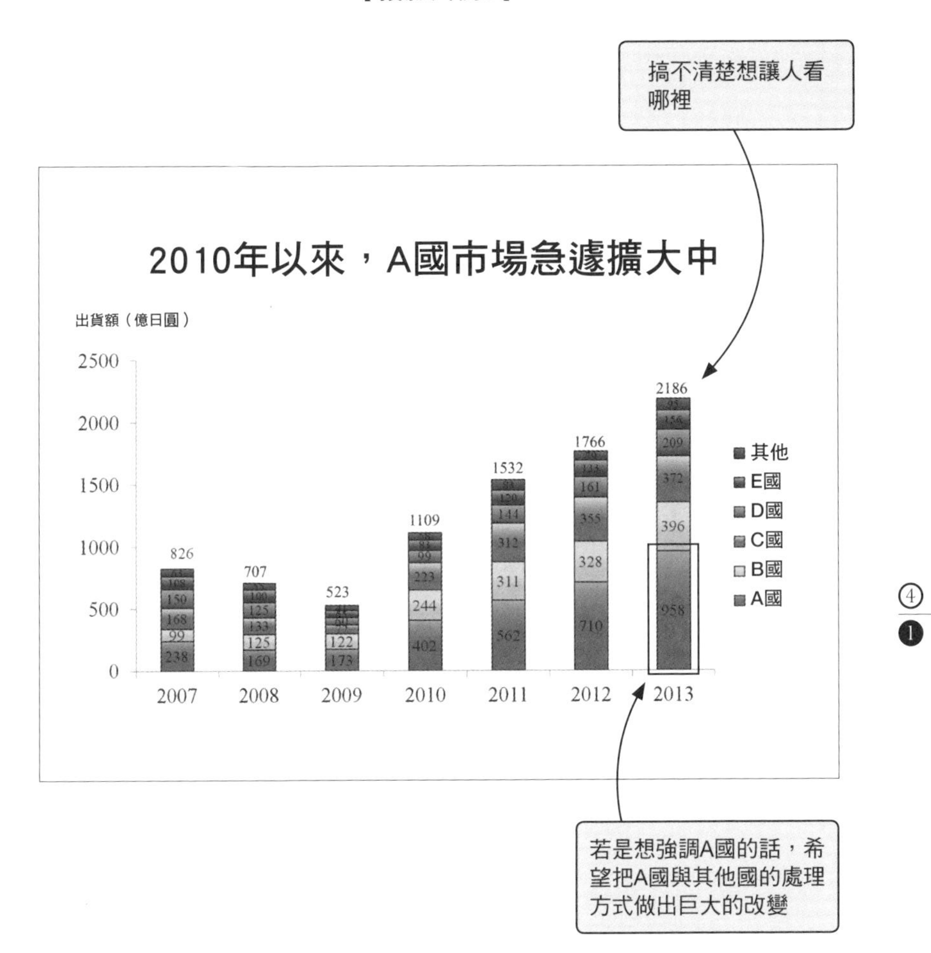

●棒狀圖內的「A國」到「其他國」都顯示了數值，雖然加上了漸層，但真的有需要嗎？想讓A國顯眼的話，就只將A國（與全部）加上數值，在填色上，也希望把A國弄成引人注目的形式。

④
❶

【投影片例7】

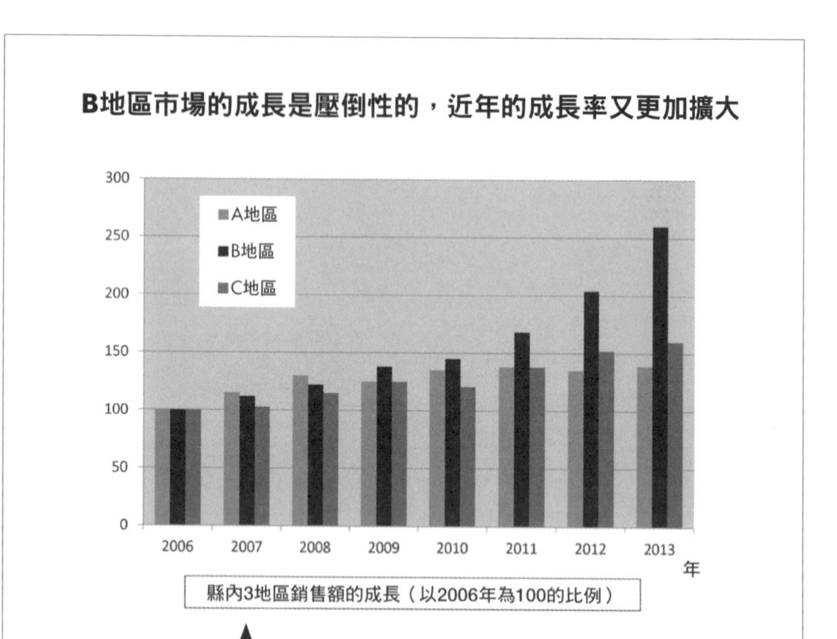

的確有種直接從Excel貼上的感覺。希望能設身處地，為能容易傳達給聽者而下點工夫。

- 雖然是簡單的圖表，卻由於背景上了顏色反而看不清楚了。
- 要讓棒狀圖變得更顯眼的話，背景用無色會比較好。
- 因為在圖表繪圖軟體中，有背景預設為上色的情況，所以要注意。

【簡報的準備：補論2】

投影片之外的演出手段

留下印象的手法

前一節中，主要對依靠PowerPoint的文本和曲線圖、圖表，這些簡報資料的準備進行了解說，而在簡報的演出上，還有其他可以利用的輔具。

像是與交易方的行銷提案或公司內的書面企劃請示等情況，要將這類有一定程度複雜，並且情報量很多的內容弄成容易理解的圖示時，PowerPoint可以發揮他的長處，但是簡報的目的並非全都是這種情況。舉例來說，有想讓琢磨過的概念留下強烈印象的情況，或是省去詳細的話題，只是籠統地讓人留下共鳴、好感即可的情況吧！這種時候，試著配合情況來探討手段吧！

①用圖片、影片訴諸視覺

105頁中談論到，投影片內文中隨意使用圖片，會為該張投影片想表達的原本訊息帶來別的印象，所以要特別注意。這點，絕對不是指不能使用圖片的意思。情節上的訊息，與圖片所給予的印象有所偏差才是問題，所以，若圖片營造出的印象適合情節上的訊息，可以說就應該積極地去使用。最近在簡報中，用簡單的幾個動作來播放影片也逐漸變得容易了。78頁的失敗例5中出現的田邊小姐也是這樣，雖然該例子是完全錯估了聽者的屬性，但也是由於平常就引進CM素材來運用的緣故。在留下印象的程度這層意義上，圖片和影片的力道很強。若有適合目的的素材，請務必使用看看。

②拿出實物，製造出驚訝與臨場感

讓聽者留下印象的層面，效果淩駕圖片、影片之上的可說就是拿出實物了。因為用電腦播放影片的做法，對聽者來說也是預料之內，但對於演說者拿出實物，卻會伴隨有「居然會在現場出現唷？」這樣的驚訝之故。應該有很多人看過，已故的史蒂夫・賈伯斯在新商品發表會中，把iPod nano從牛仔褲的小口袋裡拿出來，或是將Macbook Air從牛皮紙袋中拿出來的情景吧！

因為目的上也有讓聽者驚訝（讓人有噢！的感覺）的部分，所以先讓人以為只有投影機的投影，或是拿出有手繪的圖和繪畫的紙等等，可說都是這類的手法。

③用BGM營造現場氣氛

雖然在簡報最熱烈時放音樂的情況非常稀少，但是在以一般大眾為對象的研討會等情況，簡報開始前、結束後，或是休息時間中等等，放著BGM的狀況，也是時有所聞。139頁中也有談論到，看準的就是營造現場氣氛的效果。

輔助簡報的器材

先將想積極來留下印象的手法放在一邊，這節主要想談論的，是關於讓簡報圓滑進行的器材和輔具。

①麥克風

雖然也要兼顧會場的大小與自己原本的音量，但首先必須要判斷要不要使用麥克風。假如要使用的話，在事前確認麥克風的狀態會比較好，例如不要產生回音等等。想要頻繁運用手勢時，就必須來探討不用手持麥克風，而改用隨身式麥克風或是耳麥。這種情況下，則要實際說說話看能不能捕捉到聲音，在簡報的期間是不是真的能自由地活動雙手，對這些先進行確認吧！

②白板筆

要在簡報內使用的話，有沒有斷水、沒水當然要在事前先確認，還有紅色或黃色在光線下的反射狀態等，從聽者的位置來看有可能會變得看不清楚，所以也必須要留意。

③雷射筆

當螢幕與簡報著所站的位置之間距離稍遠時，可以藉著雷射光來指示螢幕上的文字的一種工具。當然以這個目的來說使用上相當便利，但偶爾也會看到，在螢幕並非那麼遠，或是會場太亮看不清楚雷射光等情況下仍要使用的情況，這就說不上是很有效果了。是否真的有使用的必要性，看清這一點是非常重要的。此外，雖然是結構單純的工具，但手晃動的話光也會跟著晃動，會讓人搞不清楚到底是在指什麼地方，所以，為了要能漂亮地運用，先好好地練習過吧！

④PowerPoint用遙控器

PowerPoint的遙控器是為了當與電腦有距離時，用來操作投影片展示時的換頁或是發送跑動畫的信號。以往要進行投影片展示時，必須要有人在電腦旁操作按鍵，每當要操作時，不是演說者自己回到電腦前，就是配置一個助手打暗號來進行換頁。但由於有了遙控器，演說者可以一個人自由地在聽者前面慢步，也能夠在一邊做手勢的同時一邊操控著投影片的展示。雖然也要兼顧會場的狀態以及設想中簡報時的動向，但是個希望能預先探討是否要使用的輔具。

第 4 章總結

投影片製作時，重要的是不要超出訊息和情節的範圍

- 將「一張投影片一個訊息」作為原則
- 即便在一張投影片中，也要顧慮到「訊息」與投影片內所寫情報的整合性
- （一邊投影到螢幕上一邊簡報的情況下）重視從相隔一段距離的位置來看時，瞬間就能看清楚這點
- 也要留心去省略對訊息沒有貢獻的多餘情報或點綴

「能夠留下更深的印象嗎？」、「不能刪減打亂訊息的多餘動作嗎？」，從這些觀點來探討投影片之外的輔具

- 圖片、影片、實物，如果在適合目的的範圍內，應該要積極去研究
- 麥克風和遙控器可以減輕演說者的負荷（多餘的動作）
- 麥克風的狀態不好、白板筆沒水、雷射筆的搖晃等等，小心不要用了輔具反而變得不像樣

CHAPTER

5

練習、排練的
做法與檢查要點

STORY

再看一次影片的同時，注意言行舉止

終於找到突破口的小菅團隊，在這之後也繼續討論著，留意著誰是聽者，並在引起他們的關注上下了苦功，完成了講稿。「如果連年輕人都能輕易地接觸到日本文化的話會很有趣」、「這種活動在街上引起人們注目的話，就連外國觀光客都能成為顧客」，從開頭就標榜這類新風格的提案，在一邊拉攏公司外利害關係人的同時，一邊接著說明如何讓這種「突出」的運動能順利展開。對將要開設的網站它的規格或是商務計畫上的數值說明，則下定決心將它的比重縮小，僅留下在最後才大略地提及的程度。

終於，正式登場就近在明天。又試著重做了一次排演，這次也從營業部借來攝影機一邊進行拍攝。而錄好的影片，則讓特地空出時間的寺岡大哥幫忙看了看。

「非常感謝你的建議。怎麼樣呢？雖然試著把結構做了相當大的改變就是。」

「不錯呢，相當有情節的感覺了不是嗎？這個相當有趣唷！」

「真是太好了！」

「再來就是言行舉止了呢。和田，妳有注意到什麼嗎？」

「欸，從我開始嗎？說的也是呢……，視線向著螢幕的時間比較長之類的？」

「嗯，我最先注意到的也是這點呢。」

「原來如此，確實從觀眾席來看的話，身體會歪一邊呢。」

「還有……，你看這個時候，雖然是用手指著螢幕但稍微有點雜亂呢。看不出來是在指哪裡。指尖可是會聚集起相當地注目的唷。將指尖併攏起來，在應該指的位置上啪地停下來會比較好唷！」

「啊，真的耶！這麼一看，又跑出了許多應該改進的地方呢。」

「這就表示有了餘裕，是可以開始注意細節的證據唷！妳自己有什麼留意到的地方嗎？」

「總覺得當要開口時，明明沒有必要卻還是會先說聲『對』，然後才開始說話呢。我自己也在想，居然有這樣的口頭禪呢。」

「確實是呢。對聽者來說，開始留意到演說者的習慣時，不禁就會開始在意起來呢。」

「還有雖然說不上是習慣，但每當臉朝下時，兩側的頭髮就會垂下來把臉蓋住，所以將它撩起來掛在耳邊好幾次呢。也會注意這個嗎？」

「要是太多次的話，在印象上還是不太好呢。比起這個，不得不一直把臉朝下是為了什麼呢？」

「為了要把投影片換頁而去操控手邊電腦的緣故。放電腦的桌子稍微有點低，不管怎樣都得前傾身體。」

「正式會場的狀況怎麼樣呢？」

「啊，對了！有演講用，看起來有點厲害的講台呢。而且，好像有很多隊伍不是演說者自己來操控電腦，而是多加一個助理讓他來操作。」

「現在所說的話是一個重點！像我最近就是用遙控器在操作電腦唷。就算是進行排練，也必須經常將正式登台的環境如何放在心上並來進行準備。可以的話，在正式登台的場所進行排練是最好的就是。」

「還有一點，若要我最後舉一個來說的話，就是眼神交流了吧？若是看著表情的話，即使臉向著這邊時也會有視線焦距並沒有對到的感覺。好好地以某個特定的人的臉為焦點，之後再一點一點地挪開的做法會比較好唷。」

「哇，被看透了呢。由於是一邊回想原稿一邊說話的緣故，所以顧慮不到視線了。就算是小細節，也會顯露在外表上呢。」

「沒錯，正是因為這樣練習才會如此重要啊！」

CHAPTER 5 SECTION 1

簡報中一般的檢查點

行為舉止上要檢查這些

本節中所寫的，是在「實施」時讓聽眾有好印象的重點。這些可以大略分為「行為舉止」和「說話方式」。首先是關於「行為舉止」方面，分為以下5點來解說檢查的重點。

①眼神交流　……面對聽者的方法
②姿勢　……站姿或是坐下時的安定感，身體的方向等等
③動作、手勢　……手的用法、站姿、走路姿勢、站的位置等等
④表情　……動眼睛和嘴巴的方法等等
⑤服裝與儀容　……服裝的選擇等

①眼神交流

首先，最重要的就是眼神交流，也就是看著聽者的眼睛來談論。藉著看著聽者的眼睛來說話，聽者會覺得是「對著自己在說話」，而增加認真聽的程度，內容也容易留在印象中。

眼神交流的大略目標約為一個人2秒到3秒。最好極力去避免看著螢幕念投影片的情況。

當聽眾有數十名以上時，留意著不要遺漏地來進行眼神交流吧！訣竅是在會場中一邊描著Z、W和M字一邊移動視線，這麼一來就能沒有遺漏地看過全部的聽眾。

②姿勢

這邊所舉的重點，是設想演說者站著而聽眾坐著的情況。

將身體挺直

端正地挺直身體來說話吧！駝背的話看起來就沒什麼自信，也有讓人覺得性格陰暗的可能性。反過來說，過分挺起胸膛也有給人驕傲自大印象的疑慮。比較推薦的方法，是想像從天花板到頭頂上有一條線吊著的感覺，筆直地站著。

上半身不要前後左右搖晃

站著說話之際，偶爾會有上半身前後左右搖晃的人。在聽者看來就像是靜不下來，可能對演說者的信賴與安心感有所產生損害。

這種情況下，留意身體的軸心讓上半身不要晃動。而其訣竅，若能像前述般留意「從天花板垂下來的線」就沒問題了吧。

兩腳要穩穩地站著

站著時將體重均等地分給左右兩腳也很重要。只把體重放在單腳上，另一隻腳會稍微地彎曲，也就是所謂「休息」的姿勢，恐怕會給聽者吊兒郎噹的印象。此外，若採取「休息」的姿勢，有時會把體重換到右腳，一陣子之後又換到左腳……像這樣搖擺不定的動作，以結果來說，會連結到前述的「上半身的搖晃」。將兩腳與肩同寬或是再張得更寬一些，把體重均勻地分配到左右兩腳來站著會比較好吧！

③動作、手勢

在身體整體的運用方面，也希望特別去注意。重點是「緩慢的、大幅度的動作，坦蕩的舉止」。以下就來看看細節。

動／不動，要清楚地意識到

「該動時要動」、「不動時就不動」，若能像這樣張弛有度是最好的。這並不單指上半身，走路方式、站的方式等下半身的動作也伴隨在內，可以說全都是共通的。演說者匆匆忙忙地動來動去的話，聽者就會難以集中在談話上。另外，看起來沒什麼自信，也是動作沒有張弛有度的弊害。

走路時，緩慢且踩大步伐

在會場內走動時，緩慢地大步移動會比較好。慢而大的動作，會讓演說者看起來有自信。此外，演說者自己內心焦急時，這也能成為讓自己的心平靜下來的契機。

國際化的環境中，用2～3倍大的動作、手勢

聽者有大半不是日本人，這種國際化環境下的簡報時，對動作、手勢進行更深一層地留意吧！特別是比起對日本人的簡報，以增加2～3倍的感覺差不多剛好。因為聽者對簡報者鏗鏘有力的動作、手勢會給予更好的評價，並於此感受到簡報者的熱情，或是感覺到信賴之故。這些在後述的表情方面也是一樣的。

寫字時，用全部觀眾都能充分看清楚的大小

也有一邊進行簡報時，在白板上寫字來說明的時候吧！此時，字要大到讓全部的聽眾都能看清楚，這點請銘記在心。若用自己平時所寫的大小，會有坐在最後端的人覺得太小看不清楚的情況。要寫出充分大小的字，訣竅就是「慢慢的寫」。不要著急慢慢地動筆，就能輕鬆地控制字的大小。

要用手去指什麼的時候，連指尖都要小心翼翼

白板上寫的字、螢幕上投射的投影片等等，我想也有用手去指些什麼的時候。此時，就連指尖都要小心翼翼，用併攏的指尖確實地指向對象物吧！

④表情

不論聽者的人數，對於每一個人並非只用言語，用表情來說話也非常重要。重點如下。

想法有從表情中洩漏出來嗎？

配合著訊息，表情也加上變化是很重要的。舉例來說，伴隨著新的挑戰將年度方針傳達給成員之際，用認真的表情並摻雜多一點笑容，反之發生問題時，則保持嚴肅表情的這種狀態。為此，當自己「想要露出悲傷的表情時」是否真的看起來是那樣，而其他的表情又如何，先把握住會比較好。

在回答問題時也沒有大意嗎？

就連在回答問題時也來意識到表情吧！常見的是當對方提出疑問時，因為不想被人問到痛處而使表情變得僵硬起來。如此一來，這份落差會讓聽眾覺得「剛才的笑容都是演出來的嗎？」而感到敗興。

基本上，只要在聽的同時一邊露出笑臉，一邊對對方所說的話點頭就可以了吧！或者以認真的表情，一邊看著對方的雙眼一邊聆聽也是不錯的做法。特別是在提出了深入的問題之際，這種做法相當有效果。務必在回答問題時，也要盡可能地留意自己的表情。

⑤服裝與儀容

簡報之際的聲調與身體運用方式自不必說，關於服裝和儀容上，也必須要小心謹慎。最近這種以外觀（姿態或外貌）作為重點來解說的書籍和研討會都在增加，詳細內容就讓給那些書籍等，但以下會來介紹基本的思考方式。重點是，「儀容要協調聽者、訊息，以及自己的特質」。

顧慮對方的環境

儀容的重點，首先是不要帶來負面影響。此時，特別要避免與對方平常生活的環境以及公司風氣離得太遠的奇特服裝、儀容。舉例來說，風氣保守的公司，盡量不要以太過隨便的服裝前往等等。若第一印象讓對方太過在意「為什麼選擇這樣的衣服」的話，有讓信賴關係變得難以建立的可能性。此外，襯衫的下擺有沒有露出來，衣領有沒有立起來等等，留意這些基本的儀容更是不用多說。在簡報之前，先對著鏡子來檢查服裝吧！

當然，這些也可能藉由簡報的內容來彌補。不過，不要因怠忽了顧慮對方環境，結果導致多餘的失分，先將此放在心上吧！

與訊息協調的儀容

與訊息協調的儀容也是很重要的。舉例來說，要提出朝氣蓬勃或充滿能量的訊息時，穿著輕便的服裝，或在身上搭配明亮的顏色等等，在這方面下工夫。

配合自己的特質

最後，最重要的，不要太過脫離自己平時舉止的模樣以及社會上的立場。進行簡報時，也有感覺原本的自己與演說者之間有著隔閡時候。這種時候若服裝與儀容和演說者的特質差異太大，也有可能損害到至此的內容其本身的信賴性。配合自己本身特質的服裝，這點也請務必記在心底。

⑤ ❶

說話方式的檢查點

雖然比起「行為舉止」帶給聽者印象的衝擊較小，但說話方式也絕對不能疏忽。以下列的要點來進行說明。

發音盡可能地清晰

發音不要含混，要一個音一個音清楚分明地說出來，希望將這點放在心上。將話語清楚地說出來，不僅促進聽者的理解，也與演說者的自信以及開朗善於交際的印象連結在一起。若有不擅長把話說清楚的情形，只要將嘴巴張大慢慢地說即可，所以，從說話時意識到每一個音這點開始去留意會比較好吧！

直到語尾都要確實地發出全員都聽得見的聲音（音量）

其次重要的是聲音的大小。基本上，發出全部聽者都能聽得見的聲音，這點非常重要。偶爾也會看到語尾音量漸漸變小的人，但若連語尾都能確實地大聲說出來的話，既可以表現出自信，也容易增加說服力。

加上快慢（速度）

話語的清晰度加上聲音的大小之外，也要注意說話的速度。首先，請避免說得太快或說得太慢。目標一般認為是一分鐘300個字的程度。想要直接確認適當的速度時，在電視播報員這類自己覺得「說話清楚」的人說話之後，用同樣的速度來試著說說看。比起自己一直以來平常說話時的速度，「是說得更慢一點才好呢，或是快一點會比較好呢」，用這種感覺會比較容易掌握，

此外，想要強調時，推薦的做法是放慢說話速度。因為慢慢地說，會讓聽者更容易理解的緣故。

加入抑揚（音調）

加上快慢的變化之外，再加入抑揚會更好。也就是說，要時而加強時而減弱語調。舉例來說，講正向的話題時，發出較大、較高且開朗的聲音，負面的話題時，則以較小、較低且陰沉的聲音。這麼一來，能讓訊息更容易留下印象。還有，簡報也不容易變得單調，易於維持聽者的集中力。

意識到並採取空白

在一句話與一句話之間，空下一拍左右的「空白」非常重要。在表達上想特別強調時相當有效。在說出重要的事情前空下一拍，讓聽者感覺到「與至今的語調不同囉？為什麼呢？」，而容

易引起注意力。另外，在說完重要的事情之後留置一些空間，可以做出讓聽者確實理解談話內容的時間，而更容易留下印象。在一邊談話的同時，也務必要意識到「空白」唷！

抑制冗詞

冗詞是指「呃～」、「那個～」這一類的話。如果這種冗詞類的話語太多，容易讓聽者的集中力下降，會妨礙聽者理解你所說的內容。

冗詞容易出現在思考接下來要說的內容時。在事前好好地想好原稿，或是藉著重複排練，就能在簡報時戰勝這種狀況了吧！也就是說，只要能讓談論的內容滲透進自己的身體裡，思考談話內容的機會就會減少，冗詞也就會跟著變少。

平時的進行會成為力量

至此，解說了實際登台當天一般應該注意的要點。這些要點大多都是「技術」，只要確實地練習就會相應地變得洗練、變得能順利地實行，有著這樣的性質。再來則是作為補充，來談論為了提升這些實際登台的技術，平常就要有的精神準備。

首先希望各位理解的，是「自己的迷人之處為何」這一點。

在人的心理傾向中「光環效應」是相當重要的。人在評價某個對象時，會受到該對象某些醒目的特徵影響，而往往連其他的要素也一併評價了。

像是好感度高的藝人身上所帶的物品或是去過的店，雖然未必真的是那個藝人選擇的，但光是被拍在一起就讓人覺得很有魅力，這便是一個例子。

而談到光環效應，不知是否由於藝人或政治家的例子出現得較多，即使知道這份效果的人，也很少能留意到，將它應用在自己或周遭人平時的印象形成上。就算意識到了，也只會停留在「覺得要一決勝負的簡報上就用紅色領帶」，這種表層的外表印象要如何處理的層面。

當然，也不能無視「紅色領帶」這種外表裝飾所帶來的效果。在本章中，也已經解說過簡報時的身段和言行舉止，這其實也是一個不錯的主題。只不過在另一方面希望能留意，在認識自己的迷人之處時，不要只是單純地被外觀的特徵所束縛，也要將尋訪內在的印象放入視野中來尋找。

舉例來說，像是「感覺很認真」、「感覺很溫厚」這種性格面，以及「笑話很好笑」、「說話很流暢，容易聽懂」之類，這種乍看之下所無法得知的行動面上的特徵，或者是「對○○所知甚詳」、「有△△的經驗」，這種屬於經歷或特技的事情等等，在簡報方面都能成為一種迷人之處。

那麼，要怎麼來得知自己的迷人之處呢？這要在原原本本地回顧自己平時的行動和心象同時，從周圍各式各樣的人身上取得回饋，雖然簡單卻非常有效果。而性格診斷測驗，或是「Strengths Finder」這種深化自我理解用的評估工具，我想，特別是在知曉性格面的優勢上有其相應的意義，但覆蓋不到平日舉止給周圍帶來的印象，則是它的缺點。

必須注意的是，就算自己的內心覺得是長處，也有周圍的人卻不這麼認為的情況。反之，說不定也有周圍的人說是優點，但自己卻不感興趣的情況。

一般來說，簡報的印象終究是由接受的人來決定，所以尊重周遭的人的意見會是比較好的做法吧！只不過，給予回饋的人的眼光並非總是適合代表一般的接受者，而或許也有些人，無論如何就是會對周遭的評價有所抵抗，但並不需要將它看得那麼絕對，原則上以回饋為優先，這種感覺就可以了吧！

掌握了自己的迷人之處後，再來就是要如何讓它發揮效果了，重要的是抱持著所謂「自我養成」的感覺。這些必須從平時進行的層面就要意識到。只在簡報的瞬間粉飾，演出平常不會這麼做的自己，總有一天還是會被人看穿。

或許會覺得，如果是對初次見面的人進行簡報，那不就跟平常的言行沒有關係了嗎？但要演出與平常完全不同性格的自己，不僅相當困難，若沒有想好細膩的演出效果，就會跑出虛偽感來。假使第一次順利地進行了也好，跟對方只進行僅止一次的交流，這種情況在商務場合中並不多見吧！在持續性的關係中，原本的自己還是會漸漸地被對方看透。還是應該以平時的自己為根基，並以將其增幅的方向來表現自己。

自我養成之際應該留意的點，是在讓迷人之處發揮效果的同時，還要消除「犯下這個的話，印象會致命性地變差」這點。不是只有身段或儀容這樣外觀上的印象，例如讓人感覺到傲慢感的表達方式或是表現出歧視也都包含在內。

在平時的言行上多方留意，進行自我養成，這麼一來或許會有人抱持著「做到這樣會讓人喘不過氣」的感想。但是，在商務的世界中，平時的言行或多或少會成為周遭人評價的對象，也無法否定這個面向。並不是非得要在所有的方面當個完美的模範生不可的意思。

像是若有以領導者為目標這種氣概的人，為了提高自己的影響力，自己在哪些的點想受到別人的評價，希望在仔細地省思之後，去注意來自周圍的看法。

盡可能站上更多的『打者席』

為了讓聽者感覺到正面的印象，另外一個途徑就是在該次簡報之前，盡可能地讓別人先知道自己的事。

一般來說，聽者原本就對抱有正面印象的人，他的意見聽起來也會是正面的。這麼寫的話，會有種「說什麼理所當然的事」的感覺吧！

但是，若將上述的內容展開的話，可以說就是這樣。亦即對聽者來說，有著好印象的人所做的簡報，以及什麼預備知識都沒有，也沒有留意過的人所做簡報，假使是程度相同的精彩簡報，前者的反應會來得更好。這麼一來，若對自己的簡報，覺得應該盡可能地提高獲得好反應的機率，就要盡量「在簡報前的時機」就讓聽者抱有好印象，將這點記在心裡的話，會是一個有力的方針。對於將本書讀到這裡，已經習得簡報進行之際的「公式」的各位來說，這個結論不也相當有衝擊力嗎？

當然，以簡報的狀況來說，也有無論如何只能在當下與聽者初次面對面的的情況吧！只不過，在商務場面中經歷的簡報和演講，都是這種「初次見面」的類型嗎？即便是公司內的簡報也好，行銷時的簡報也好，我想，也有不少是以某種程度已經算是認識的人為談話對象的情況。

因此，平日就採取會在周圍留下正面印象的行動是相當有效的。這點，即便只是打招呼或是搭話這種日常的行為，某種程度上也是有效的，但是，若與簡報的關聯越強會越好吧！也就是說，「在人前表明什麼意見，做什麼提案或是號召做些什麼，做著這些動作的自己」，留下這類的實績。

若有簡報或演講的機會，盡可能地去挑戰就好。然而，也有簡報機會並不是那麼多的職場吧！就連參加競選，可以來擔任這類簡報角色的狀況也沒有也說不定。這種時候，就由會議或是mail來發表意見即可。

而透過SNS或是推特等，這種平時就可以輕鬆地發表自己意見的手段，最近也逐漸增加中。

這些行動理所當然的，不僅會改變周遭人心中的形象，在提升自己實際登台技術、發表技術的意義上也有效果。要提升本節中所舉的說話方式和舉止的技巧，其實「不怯場」這一面相當的重大。

更進一步來說，平常就抱持有掌握機會來發表的意識，自己在當聽者時，看的角度也會有所改變。也就是說，對於高明的簡報或是做不好的簡報，分別會用「在哪裡、如何的高明呢」、「在哪裡、怎樣的不行呢」、「如果是自己會怎麼做」這樣的眼光來看。這麼一來，就會經常參考其他人的簡報，輾轉成為提高自己的簡報技術的幫助。

然而，簡報時由誰來說話是最有效果的，這個觀點也很重要。橫刀奪走明顯是由其他人來做會比較合適的情況，而增加了被人看作只是多嘴的負面反應則是反效果。

必須要隨時去探聽周圍的反應。但是，僅僅害怕著負面反應而不去行動，也只是反覆地損失機會而已。建立起信賴，做出肯率直給予回饋的關係的人，在防備負面印象擴大的同時，積極地來增加「站上打擊區」的機會吧！

配合狀況的演出小技巧

配合聽者的心理狀態來改變行動

前一節中，統整了一般性實際登台的技術。加上這些技術，來介紹幾個因應各個場面的狀況時，「應該這樣應對」的這類理論。

實際談話的場面中，由於在「準備的階段」已經有意識到，希望能留心用眼睛去看、用肌膚去感受聽者的樣子。為此，從聽者的表情變化和些微的舉動中，掌握理解的程度或集中力的變化等等，並按此來採取應對是非常重要的。

①經常去感知聽者的反應

首先，作為「配合聽者的心理狀態來改變行動」的前提，必須在簡報的期間去感覺正在變化的聽者心理狀況。

那麼，要著眼於聽者的什麼部分，才能打探出心理狀態呢？

主要的線索就是表情。聽者抱持著興趣而前傾身體來傾聽，或是露出詫異的表情，來試著留意看看吧！

此外，有分發資料來進行的情況下，也試著注意看看聽者的手吧！舉例來說，比現在說明著的內容稍微之前一點的內容，聽者有寫著類似筆記的東西，或是相反的，看著比演說者正說明著的部分或頁數還要後面的部分，從這種地方可以推測出聽者的集中度。

像這樣，在談話進行中同時並進地留意聽者的反應，在還不習慣的時候或許會感覺到相當困難。「這裡是要說什麼啊？」，因為就像這樣，自己接下來將要說的內容塞滿了腦袋之故。換句話來說，為了能一直跟上聽者的反應，這份餘裕是必需的。也就是說，關鍵是習慣站在人前說話，以及將談話的內容（某種程度）背誦起來，後面會提到包含排練的練習之所以被人說很重要，理由即在於此。

②聽者似乎不能理解／認可的情況

那麼，當聽者點頭的這種情況，只要抱持著自信而繼續下去就好，問題是，當有種怎麼也不能理解／認同內容的感覺時呢。作為這種情況的原則，比起當初構思的講稿，應該更為優先地迅速去採取處理的行動。

舉例來說，若露出詫異的表情的話，就在說明進行到適合告一個段落的部分之後來詢問「到這裡的部分，有什麼不清楚的點嗎？」，「關於〇〇部分⋯⋯是這樣子的」，以像這樣的狀態來加上補充說明的感覺。

首先，用一句話來試探，這也是在暗中送出「我對你有沒有跟上我所說的話很在意唷」的訊息。即便只有如此，也能夠成為從聽者身上得到信賴感的助益。不過，只憑這樣似乎並不能消除時，稍微加入一些即興演出也可以，改變當初預定的說明著重點或比重，來進行補充說明。

在應對這些時，重要的是「不要焦急」。聽者露出詫異的表情的話，作為演說者會不小心焦急起來，即便想要進行補充說明，也變得說話太快，反而走上了歧路，就結果來說，有讓聽者變得更加迷惑的可能。假如，一時之間想不出適當的補充說明的話，比如說「到適合告一段落的部分前暫且繼續說明」等等，在傳達完預期之後，當場依舊按照預定進行說明，之後再統整出一個提問的時間來應對，也有這種方法。

只不過，這邊會根據在第2章中提到的「真正的聽者是誰」，來改變應對方式。在好幾位聽者中，沒有跟上的不是「真正的聽者」的狀況下（「真正的聽者」可以毫無疑問地聽著的狀況），大膽地不採取特別的動作，就這樣進行下去也可以吧！

③聽者開始感到膩了的情況

雖然表情不到詫異，但也有總覺得反應很小，或是讀著手邊資料的其他頁數這類的情況呢。像是剛吃完午餐的時間帶等等，整體怎麼樣都飄盪著一股想睡的氣息。

像這樣，感覺到聽者似乎感到厭煩的情況，果斷地著手「攪亂氣氛」的手法會比較好吧！

有各式各樣能帶來變化的要素：

・聲音的張弛
・站的位置（以站著進行的情況下來說，至今都站著前方正中央的話，則試著去靠近右端或左端，偶爾也走入觀眾席）
・肢體語言

有這幾類。

此外，也可以摻雜著提問吧！「這裡要來問問大家，有多少人贊成〇〇呢？」，像這樣特地讓人舉手等等，讓聽者做出一些什麼動作也是一種手法。

進行與簡報走勢相應的演出

前項中提到，因應聽者當日的模樣改變自己的態度，可以說是被動地來應對。而這點先暫且不談，來將由自己主動誘導聽者的言行也記入腦袋中吧！

這點在廣義上來說，也不是不能稱之為「準備」，但是與訊息和情節的次元是不同的，是身段和說話方式等級的演出，以及如後述般，事前不可能做到100%的計畫，還是需要當天臨機應變的行動，所以在這個實際登台的章節來介紹。

①在初期營造出「現場的氣氛」

在簡報的初期，將「想讓聽者的意識變成這種狀態」的這個目標分為以下兩個階段來思考：

- 簡報之前，現場的氣氛並不適合的話，暫且先將它重置
- 製作出讓聽者覺得，「現在在這裡應該要聽他說話」的氣氛

簡報前的現場氣氛意外地是會有影響的。從開始之前就對自己抱持有適度關注的狀況倒是還好，問題是，若與接下來要說的內容不搭的時候。舉例來說，像是接下來明明預定是嚴肅的簡報，台下卻竊竊私語相當嘈雜，或是聽者還沒就座亂糟糟的這類狀況。反過來說，接下來想說些有趣的內容時，卻靜得鴉雀無聲，這會讓人很困擾吧！因此，簡報前的會場氣氛與接下來想說的內容不搭時，必須先採取將其轉換的行動。

接著重要的是，「製作出讓聽者『覺得應該要聽』談話內容的會場」這點。即便順利地吸引了聽者的注意，若讓人感覺到「不足為聽」的話，不管準備了多好的內容，在這之後都傳達不到聽者的耳裡。因為會沒有聽到讓人理解最重要訊息的那份前提的緣故。

若是有特地變更氣氛的必要時，掌握接下來的兩點吧：

・留意用稍大的音量、動作

・表現出由自己來引導話題的態度

關於前者，就算只是開頭數分鐘也要特別注意到，試著聲音的張力和音量要稍微大一些，動作也有點誇張而直接。在遣詞上，也要留意將一句話縮短，有節奏地重複斷句來表現出氣勢。此際，就連語尾也要清楚明瞭的發音，這是非常重要的。

關於後者，持續注意與聽者立場的關係，同時試著不動聲色地讓演說者與聽者變得不對等，留意著去使用稍稍來到上位的語調吧！具體來說，過度使用謙讓語，容易讓聽者方在心理上站到優勢地位，因此要特別注意。第3章第2節中也有講述到，摻雜著表現出自己專業性的這類話題，也會很有效果吧！其他還有，像是有「將手機轉為靜音模式」或「資料會後將回收」這類瑣碎的會場規則時，特地在開頭以口頭嚴格地傳達，也可以期待將現場的氣氛帶到自己這邊的那份效果。

②配合情節，改變節奏、音調

在簡報的中段完成第3章中設計好的情節是非常重要的，但在實際演出面，要配合情節的起伏加入張弛，在此想要先強調這一點。

具體來說，可以舉出在重要的部分，將聲音更進一步表現出張力（不過，也有當成變化球，在重要的地方故意用沉重、低沉的聲音來談話的手法），加大手勢這一類的要點。

像這樣在各個話題上加入強弱的張弛，時間管理會變得非常重要。即便文章量與講稿寫作階段時幾乎相同，為了強調而慢下來製造出延宕，並在談話時一邊確認聽者反應，不那麼重要的地方則俐落地帶過，所花費的時間意外地會出現落差。就結果來說，若大幅超過當初預定的時間，就談不上是顧慮聽眾了。

為了防止這種情況，事前就要製作好時間軸，決定好什麼地方要花多少時間來談論，同時，透過下一節會談論到的排練，預先確認實際簡報時會用掉多少時間吧！

此外，運用投影片來說明時，讓各個話題的時機與投影片投射出來的時機一致也非常重要。偶爾會看到這種簡報，明明話題已經進行到更後面，但螢幕上放的依然是那張結束了的投影片。雖然還稱不上致命性的糟糕，但可以說是一種削減聽者集中力的行為。再說得更細一點，在投影片中運用動畫，讓某個句子浮現出來的這種手法，若能讓說出口與文字動作的時機合在一起的話，印象會很好吧！

③總結時要留下連結起下次的餘韻

總結時最重要的，是比照在第3章第1節中所制定的此處的目的，將最希望聽者接收到的訊息讓他們有深刻的認識。然後，將聽者引導至你希望他們在簡報結束後成為的狀態，並且更進一步，像要連結起下一階段般留下餘韻，將現場做個總結。具體來說，正向地談論將來願景時，要製作出開朗充滿朝氣的氛圍，在述說困難的委託事項時，則製作出真摯而鄭重的氛圍，按照目的來營造氣氛。另外，對分出時間前來蒞臨的聽者表達感謝的心情，則是不問內容的重要。

其他在總結階段時經常出現的，就是有回答提問的時間。這邊其實有在疑問應答之前暫做總結，只留下有問題的人之後再來詢問的模式，或是讓所有人一起來聽應答，並在提問結束後再就整體做一次總結的模式。可以配合目的、被賦予的時間條件，以及預想中聽者會抱持的疑問來進行選擇，將這點放在心上吧！

而實際在應對提問之際，首先要將提問聽到最後，不能中途打斷。此外，也要意識到去掌握提問的真正用意。單純依照著對方提問的表面話語來解釋並做出回答，並非總是能回答到聽者真正的疑問。聽者為什麼會有這樣的疑問呢？考慮這點是非常重要的。

特別是在聽者全員參加問答的情況下，對提出的疑問，用自己的話再重說一遍會比較好。像是「現在這邊的這位有著『關於○○，不是應該是××嗎』這樣的疑問……」這樣的狀態。這並非只是為了確認提問的意圖，也有給予其他聽者親切地應接提問者的印象的這種效果。

然後在簡報結束後，自己在善後方面不要太過專心，觀察解散後要離開的聽者們的表情、動作和細語等，來推測他們是否會按照簡報的目的來採取行動，並以此來決定下回應該採取的行動。

作為一個例子，簡報事後的追蹤也很重要。理所當然要有道謝的聯絡，而作為演說者接收到的課題也要迅速作出應對，製作出「只有聽者方還留有未完成事項」的這種狀況會比較好。

發生這樣的事情時……

雖然在頻率上應該並不多，但也有發生「預料之外的事態」的時候。當這樣時候，簡報就無法按照預想的來進行，雖然某種程度來說也是無可奈何的事，但是有將不好的影響降到最低的竅門。就來介紹其中幾個吧！

突然變更時間

明明聽說了是30分鐘，到了當天主辦方才改口要「控制在20分鐘內」一類的情況。

對於這點，比起「依靠當天臨機應變來應對」，其實是「事前的準備」會發揮它的作用。也就是說，藉由事前對內容的推敲，可以決定出「這裡才是真正該講的話題」和「這在情節上是用於支撐的話題」，這種在整體內容中的份量和它佔據的地位。若能更加地去追溯源頭，能夠深入地去思考簡報目的為何的話，在那樣的過程中，就能像「假如原本的簡報時間就比較短，也要拿這些時間來傳達給對方的事」，與「就算這次簡報中沒有提到，也可以用替代手段來傳達的事」這樣分出它們的重要性。並且藉由排練，來得出「要將這個話題告一段落大概需要幾分鐘」的時間感。

若能建立起這種優先順序與時間感，就算突然有縮短時間的要求，還是能大致推測出「若要縮短〇分鐘的話，去掉優先順序較低的那個還有那個話題就可以了吧」。

加快說話的步調，或是在整體上少許少許地簡化一些內容，也能確實地縮短時間吧，但也會提高內容無法傳達給聽者的風險。

而另一方面，突然出現「延長時間」的要求時又如何呢？在不得不拿出沒有準備到的部分的這點來說，可說難易度比縮短時間還要更高。若追加的時間並不是很多的話（標準大概是未滿10分鐘），細心地去確認對方理解的程度或是採取提問時間，都能盡量不為主旨帶來影響而順利延長時間吧！

⑤
❷

聽者提出預料之外的問題

在簡報時，一邊確認聽者的反應一邊進行是相當基本的。從這點來說，假若出現了預料之外的詢問時也不要慌張，應該冷靜地聽取問題，咀嚼內容之後再來決定應對。

首先必須要看清的是，這個提問與這次簡報中想談論之事的本質是否有其關聯。若是與本質有關，即便分配一定的時間，也要精確地回答才會是比較好的做法。此時，並非只對著提問者回話，「出現了非常好的問題！關於這點，是～～」，像這樣向全體聽者來回答會比較好。

反過來說，當對著無關本質的部分提問時，或許這種說法並不好，但是巧妙地「迴避掉」是必須的。比起演說者所擔心的，聽者對於「提出本質外疑問的提問者」並不會抱持著善意。當演說者開始以脫離了主題的形式奉陪起提問者，會提高其餘大多數聽者的反感。而作為不傷害提問者感情的巧妙迴避方法，「關於這點，稍後再個別做回答」像這樣來推遲，是經常使用的手法。

話雖如此，偶爾也會有沒有聽懂提問者話中的要點，無法辨明提問者真正想問之事的情況。這種情況下，像是用「您提問的主旨是～，這個意思嗎？」等，由演說者方來確認提問的意義，積極地去回問會比較好。

器材等狀況不佳

舉例來說，像是電腦當機，投影機故障而無法投影，這一類的器材事故雖然能藉由排練來減少，但也有連排練本身都無法進行的情況，總是難以不讓它發生。

如果不能用投影機來投影就貼上書面資料來進行，像這樣在可能的範圍內預先思考替代方法是再好不過，但要以這種方法來應對器材故障，別的部分可是非常重要的。

那就是，找回平常心這種對自己心理的控制，以及重新吸引起因故障而暫且中斷的聽者情緒，像這樣控制住現場的氣氛。

關於前者，只要是人，當遇到難以預料的事故時，不管是誰都會無可奈何地有所動搖。不過，此時若慌張起來而沒辦法接起後面的簡報時，在聽者的眼中「演說者不熟練的感覺」就會變得很顯眼，而降低對整體簡報的信任感。要將意外視為「無奈地發生了」而進行切割，必須將情緒做出轉換。具體來說，喝一口會場提供的水，緩慢地移動，啪地拍一下手，像這樣加入某些用來切換情緒的動作是一個方法。

關於後者，用夾雜著幽默的評論等來引起笑聲是最理想的。裝作若無其事地繼續進行會很不自然，而對這種與演說者沒有直接責任的事故說著「太粗糙了真是不好意思」，則又過於強調謙遜的態度，容易讓聽者的情緒遠離，以這層意義來說，較不推薦此種做法。

CHAPTER 5 SECTION 3

排練時的檢查點

為了讓實際登台的當天能順利進行，必須要仔細地進行排練。在運動的領域中常說，練習時做不到的事，沒有在正式比賽時就能做到的道理，用心的排練會決定簡報的成功與否，這絕非過言。不偷工減料，不斷地去重複練習吧！透過排練，將會對想傳達的事情抱有自信與熱情，並提高它的完成度，這是非常重要的。

排練的目的是

雖說要用三言兩語來講解排練，但它可以依據視為目的的階段大致區分為二。其一，是製造出如同正式登場時的情況並預先習慣它，另一個，則是用身體記住談話的內容、談話的方式。

關於前者，要如何避免到了正式開始時，出現與預想不同的狀況而感到慌張是它的重點。舉個例子，光以會場的大小與座位的分配來說，演說者眼中所見的光景就會有很大的不同。即便參加人數一樣是30名也好，「稀稀疏疏地散落在寬廣講堂的前方，後面則是廣闊的空位」的狀況，與「在狹窄會議室中擠得滿滿的狀態下，有幾個人拿出了平常似乎沒在用的摺疊椅，坐在牆邊聆聽著」的狀況，聲音的大小與音調，環視聽眾時的舉止等，都會跟著有所改變，這點是可以理解的吧！

其他還有，如螢幕和白板的大小及位置，演說者在說話之際可以移動的空間大小，麥克風（要用的話）的好用與否，房間的亮度（還有會對此帶來影響的天花板高度，與窗戶大小及方向）等等，有各式各樣會為正式演出的環境帶來影響的要素。

一邊指著螢幕上放映的圖片一邊說話時，自己站在怎樣的位置比較好呢？有沒有可以邊說話邊來回走動的空間？還是說有講台一類的東西，讓站立的位置被限制住了呢？聲音能不能傳達到後面的人？從最遠的位置來看，能看清楚螢幕上資料的字嗎？依會場的明亮度能看見螢幕上的字嗎？這類不試著實際站在會場中就不會明白的事情，意外地相當多。

也就是說，前者排練的目標，是將正式登場時要執行的行動，從最開頭到最後全部試著做過一遍，來試驗看看會發生些什麼、看起來如何（聽得見嗎？）。當然，並非總是能在正式演出的會場中預先進行排練的狀況，但在可能的範圍內，至少也要用過一次實際的會場是最為推薦的。

實施「記住內容」形式的排練時的檢查點

那麼，雖然「如同正式登場」的排練對場所有所選擇，但「記住談話內容、談話方式」的排練，則並不一定要在與正式登台相同的場所來進行，場所的自由度較大。準備好碼表和簡報的資料，來逐一確認是否能在一邊翻著資料的同時，一邊照著腳本來談話。

具體的確認點範例如下。

①第一句話要以怎樣的情緒來開始呢

是下定決心以高漲的情緒開始呢，還是用安穩的氛圍來進行呢？特別是在向初次見面的對象進行簡報時，第一印象極為重要。

②從介紹到進入正題之間的長度

大多數的情況下，在進入正題之前有自我介紹或「本日撥冗參加，實在非常感謝」這種固定形式的問候，有時則是像在第3章第2節中談到的，說些引起聽者共鳴的梗，都是在介紹的部分會出現的內容。

即便是在主題部分的講稿上確實地製作了的人，但對這部分卻只有「打招呼＆自我介紹用3分鐘」像這樣放上了項目，而把其他交由當天的臨機應變。而等到開始談話時，談話的內容往往會出乎意料地拖得很長。

③可以不依賴投影片與手邊資料來發言嗎

在還不熟練時經常出現的其中一個典型，就是死盯著投映資料的螢幕或是手邊的講稿（看著講稿來談話的情況下）。特別是只盯著螢幕，從聽者的眼裡看來，會覺得怎麼演說者的姿勢歪向一旁而使得印象變差。盡可能將看的時間縮短吧！

而手邊有講稿的情況下，只有身體的向著聽者印象雖然還不壞，但是卻沒辦法進行眼神交流，低著頭很有可能會讓自己看起來沒什麼自信，聲音也會變得含糊，果然還是不太好。

最重要的，光是不依賴講稿並看著聽者的眼睛來說話，就能表現出「有自信」、「是用真心在說話」的態度。

④在投影片換頁時，銜接的話語是否順暢

舉例來說，「到這裡為止，對商品的概念進行了說明。那麼，這項商品主打的什麼客層呢？請看下一頁」，像這樣在某張投影片的內容告一段落，要移動到下一張投影片時，「銜接用語」的有無會大幅改變聽者的印象。

⑤有好好強調重要的部分、最想傳達的部分嗎

重要的部分或是最想傳達的部分，施加一些演出效果吧！例如將聲音的音調提高，或是加入手勢等等。而這麼一來演出得像不像樣，不先實際試過是不會知道的。

⑥能平滑地收尾嗎

雖然重要度不及開場，但是簡報結束時要收尾的句子，還是希望可以漂亮地總結起來。希望能預先大略地練習過。

以上舉出了主要的檢查點，但要將可能發生的情況全部網羅起來並不是那麼簡單。就好比以下的例子中，讓人覺得只是小小的事情也能成為一種教訓。至於在各職業種類和職場中所特有的檢查點，恐怕還有很多吧！請一邊累積著經驗，一邊充實屬於自己的檢查點吧！

失敗例 7

牧野友紀，因排練不足而招致的苦澀回憶

牧野友紀，是網路服務公司K的行銷負責人。在自家公司新設立的EC網站上，募集前來開店的企業是她的主要業務。

今天下午也有簡報的預定，要去數個月前就頻繁來往的某家老字號製造商那裡進行簡報。如往常般，牧野自己一個人關在公司空下來的會議室中，進行著簡報的排練。簡報時必須要有說明EC網站結構和優點的紙本資料，以及播放樣本畫面用的筆記型電腦、平板電腦和智慧型手機。想要流暢地操縱這些器材，讓人們看見自己想展示的畫面，練習是必不可少的。

牧野在簡報上有兩次苦澀的回憶。一次是對方約有20人在會議室中進行簡報時，想用電腦連接投影機，一邊將會議資料投影到螢幕上一邊來進行，但是放置器材的桌子與螢幕的間隔卻比想像中來得更遠，沒辦法在指著螢幕的同時來操控電腦。當時也因為太過慌張，變成在桌子旁用完電腦後再小跑步到螢幕旁指出想強調的部分，當那部分的話題結束之後再小跑步回到桌子旁，不斷反覆的狀態。以結果來說，只有操作時總是慌慌張張的模樣留在了聽眾的印象中，成了失敗的簡報。

從此以後，身上總是準備著或許有一天會用到的雷射筆和遙控器，並留心著即使不用手指螢幕，也能以口頭來誘導想展示的部分。

而另一次，則是在對方的接待室中進行簡報，但該接待室中卻只有沙發套組的那個時候。原本設想會有會議桌的牧野，當天第一次進到接待室時稍微吃了一驚，但真正麻煩的，是在實際簡報開始之後。那天是穿著長度在膝上的短裙和高跟鞋前去的。

在簡報期間若是覺得熱的話，很自然地就會將上半身向前傾，但在兩腳併攏著，況且還要想辦法不進到桌子對面的客戶視線中的情況下，不得不以傾斜著倒向一旁的狀態來談話。

從那次之後，當沒辦法預先看見會場的模樣時，就會選穿褲子的套裝。

太忙而沒有時間的狀況下的「摘要版排練」

雖然至今不斷地強調排練的重要性，但對我們這些每天都很忙碌的生意人來說，大多數的人都很難有空從開頭到結尾排練過一次，這也是事實吧！像這種時候，聚焦在以下的重點來進行排練就可以了。

- 將資料一頁一頁看過的同時，在腦海中大略地試著說過一遍。特別要確認的是能不能講出頁與頁之間銜接用的話，或是說話時有沒有餘裕能向觀眾進行眼神交流，而不是只顧著看資料。

- 集中在重要的部分來進行實際練習。特別是最想傳達給聽者的部分，以及簡報的開頭和收尾部分等等，開口試著大略地說過一遍。

- 分別去測量上述的實際開口練習和腦袋中模擬的時間，確認能不能收在預想的時間內。

- 確認聲音能不能傳到後排，螢幕的文字在會場最尾端也能看清楚嗎？（特別是在即將正式演出前的排練）

- 確認自己本身想要注意的點，是否有所改善（速度、眼神交流、不自然的動作、習慣等等）

可以的話，排練時讓某個可以率直給予回饋的人在場也是相當有效的。因為在單憑自己難以注意到的方面可以獲得指摘之故。只不過，給予回饋的對象，以備有下列兩個條件的人為理想。

第一個，是能適當地推測聽者狀態。在簡報前聽者的認知與情感，如果能想像通過簡報之後這些的變化，就比較容易獲得「從聽者來看應該會有這樣的感覺。因此像這樣來改善會比較好吧」這類的回饋。

另一個，是他本人的簡報技術也相當高竿這點。這是期待能在言行舉止一類的技術層面上獲得適當的回饋。

假如周圍沒有適當的人物，或者是時間上不剛好的時候，用影像來確認也是相當有效的。將自己排練時的模樣拍成影片並進行確認的話，就會發現往往有許多與自己想像的模樣所不同的部分。

就如120頁故事中的小菅一樣，當組成團隊來著手工作，並且要從中找出某個人當代表來進行簡報時，不是只讓那個人來準備，隊伍成員作為排練時的「聽者＆回饋者」來協力會是比較好的做法。

對於每天忙碌的我們，往往一不小心就疏忽了排練。但是，希望在排練上能夠不偷工減料，盡可能地反覆去準備。因為用心準備可以找出要改善的點，而就結果來說，也能提高簡報成功的機率之故。「對分出時間前來聆聽自己說話的聽眾們，抱持著感謝的心情」，這麼一來在排練時也能繃緊神經才是！

第 5 章總結

平時就要留意「行為舉止」與「說話方式」，來掌握這些技巧

- 一個人約2、3秒，可不要忘了看著對方眼睛來說話的眼神交流
- 以筆直的姿勢站著，在談話最高潮時不要搖來晃去的
- 要做動作時，要緩慢地、大幅度地、坦蕩地
- 搭配訊息，也要有豐富的表情
- 儀容要配合聽者、訊息、自己的特質
- 一句話一句話，用適當的音量、清晰地說出來
- 認識自己的迷人之處，並從平常就多加留意，來進行自我養成
- 以提升技術來說，經驗非常重要。若有「在人前表明意見」的機會，盡可能地去經歷看看

注視聽者的心理狀態，靈活地改變行動

- 盡可能地記住全部的談話內容和順序，在會場的當天，也盡量去關注聽者的動作和表情
- 當聽者的反應與預想不同時不要著急，迅速地修正自己的行動
- 並不是只有應對聽者的反應，特別是在開頭和收尾等部分，要由自己來營造出現場的氣氛
- 為了在發生預料之外事態時不要太過慌張，訊息與情節的準備非常重要

「用與正式登台時相同的順序來預先練習」與「用身體記住談論的內容」，從這兩方面來進行排練非常重要

- 「正式登台的預演」的類型中，確認舉止、聲音以及器材運用的順序
- 「記住內容」的類型中，試著開口，看看能不能平順地說出口
- 在沒辦法花時間來練習的時候，也希望能集中在重點上，在腦海中模擬看看
- 可以的話，找個能信賴的人，請他幫忙看過之後給予回饋會比較好

STORY

簡報結束

「乾杯—！」

小菅她們在常去的餐廳中舉杯慶祝。在大會上漂亮地獲得了最優秀獎。

從評審口中說出：

「企劃內容自不用說，連簡報也非常出色！」

「雖然在實現性上或許要打個問號，但是能感覺到想改變社會風氣的高遠志向，並且，感覺似乎能愉快地將許多人一起拉攏進來。」

「小菅小姐穿著紬織和服的模樣真是太棒了。『可以簡單地推廣和風的好』，只以字面難以傳達的韻味，用這種形象化的方式一口氣表現了出來。」

給出了這樣的評語。在簡報上奉獻出精力是正確的！

高石也喝了些酒，以通紅的臉帶著些許興奮的語氣說：

「哎呀，這次真是學到了不少呢。說真的，在開始之前我還在不滿10分鐘哪可能把想講的東西說完呢。可是卻不是那樣。按照那個場合的目的，傳達出能打動聽者的內容，這句話說的原來是這麼一回事啊！」

「真的呢，要對教會我這點的寺岡大哥表示感謝呢！」

「雖然寺岡大哥很可惜的因為工作不能前來，但剛剛用mail報告之後，馬上就打來了回覆的電話唷。幫妳跟他道過謝了。」

「讓他費心了呢。向寺岡大哥尋求建議的小菅和和田的行動力，也得對此表示感謝呢。」

「這沒什麼啦！還有啊，後輩們也傳來了mail唷！寫著『那個企劃是真的要進行嗎？請務必也讓我們幫幫忙』呢。」

在稍遠的位置與其他成員談笑著的島本，聽到這個話題也加了進來。

「喔喔，我那邊也來了好幾封『也讓我們參一腳吧』的mail呢。有這樣的迴響真的很高興呀。與其說是贏了，感覺獎項什麼的只是附帶的呢。我們自己企劃的內容，取得了他人的共鳴並且被贊同，而因此願意來協力。這才是真正重要的事情呢！」

「就是說呀！」

聽著大家充滿熱情的話語，小菅想起了另一件開心的事情。大會結束之後，被上司搭了話。

「哎呀，恭喜啊小菅小姐！雖然從以前就知道妳做事認真又確實，但是居然還有那種站在人前吸引人的力量，讓我大吃一驚呢！」

「非常感謝。但是，我並沒有那麼厲害，是多虧了團隊成員們的企劃。」

「即便是我們部內的工作，應該也有這種簡報的機會，務必要試試看。」

「好的。」

（若是過去的我，像這樣被委任工作也好，或由自己來主動承擔也好，應該都不會發生呢。雖然這麼說，卻完全不是有什麼沉眠的才能開花了。只不過是得到了幾點建議，並且以這些建議為基礎，自己也做了各式各樣的思考，接著抱持勇氣來試著行動之後，就變成這樣了。機會難得，就讓我再稍微以「擅長簡報的小菅小姐」的形象來繼續努力吧！）

後記

懷抱高遠志向，並相信可能性

以上，在本書中解說了不管是誰都能到達一定水準的技術，但是在現實中，假使在內容的結構或表演面上有著拙劣的要素也好，也有能引起聽者感動的簡報。

在這種簡報中是包含了些什麼呢？雖然能想到形形色色的要素，但對商務領袖的簡報來說能當作參考的，我想就是①演說者的氣魄和②目的的正當性這兩點了。

①的演說者氣魄，是指演說者打從心底相信著想要傳達的事，並希冀能夠傳達出去這點。雖然這裡使用了氣魄這個詞，認真、拼命、迫切感等等，也能換用這些詞來表現吧！「這些話想傳達給對方」，是不是在腦海中思考並打從心底相信，即便不說出口，也能從表情和語調等地方表現出這份態度來。反過來說，不是自己打從心底相信的，不是那麼感覺到熱情的事，即便說了，也有很大的風險早晚會被人所看透。

不過，太過利己的理由，即便能夠一心一意地去做，也無法與聽者有所共鳴。就如第2章所詳述過，若能提出對聽者而言是有益的內容那是再好不過，但假使無法順利地提出優點時，以①的氣魄加上②目的的正當性，也是能打動聽者的吧！

所謂目的的正當性，是指對聽者來說即便沒有直接的益處，但表現出社會性的「善」或者是「應該做的事情」。舉例來說，即便同等殷切地訴說「為了守住我的地位，希望助我一臂之力」與「為下個世代的孩子們，努力來留下豐裕的社會吧」，聽者的印象會有很大的不同吧！

①的氣魄（認真、切實地相信著的訊息）與②目的的正當性（以社會性的善為目標），並非總是會對簡報本身的說服力有效果。在本書中一直提到，進行自我養成之後製造出自己的迷人之處，或是從平時就把握機會來發表自己的意見，為了「更加提升」簡報能力，去約束日常的態度會比較好。

這些行動一個一個挑出來看絕對說不上是困難，但要在日常生活中持續實行需要有強烈的意志，而要保持這樣的意志，則是相當困難的吧！要將這種困難的事情變成可能，重要的是想透過自己的商務人生來成就，那份自己能夠熱衷地埋首其中的志向。並且，相信著那分志向會受到世間所肯定，一定能夠實現，這也是非常重要的。

懷抱著高遠的志向，積極地相信自己的可能性，為了更加提升身為商務領袖的說服力，這將會成為重要的心態。

在本書中說明過的步驟和技術當然非常重要。但與此同時，關於心態的部分也請務必銘記在心。

最後，再次對本書撰稿時給予協力的各位表達感謝之意。本書的內容，是基於日夜校和進修中舉辦的商務簡報課程，從中琢磨出來的實踐上的啟發。對參與其中的所有講師、學生、工作人員表示感謝。特別是成為本書基礎，盡力於開發商務簡報課程的GLOBIS商學院教授吉田素文先生，整本書撰稿期間由他負責監修。還有GLOBIS商學院副教授的廣田元先生，在GLOBIS擔任出版局書籍編輯長的加藤小也香小姐，前出版局長現任GLOBIS電子出版編輯長兼發行人的嶋田毅先生，從本書的結構一直到細部的工夫上，到處都獲得了他們寶貴的意見。

然後是鑽石社書籍編輯局，第一編輯部的木山政行副編輯長與真田友美小姐，在書籍化方面給予了各式各樣的建議。

由衷地希望本書能成為各位讀者實際簡報時的參考。

全體撰稿者

【撰稿者介紹】

中丸 雄一郎（nakamaru　yuuichirou）

上智大學經濟學部畢業。GLOBIS商學院（MBA）結業。
曾任職於外資諮詢公司，之後進入GLOBIS。在GLOBIS商學院的思考課程教學秘書團隊中擔任主任研究員，進行同領域的研究、教材開發、講師培育等等。現在則在主打法人的人才培養、組織開發的諮詢部門中，以養成次世代經營者為中心，從事著人才培育、組織開發的企劃、設計、實行。自己也作為講師，在GLOBIS商學院和企業研修中，負責多數思考系科目。
共著有『修訂3版　GLOBIS MBA　批判性思考』（鑽石社）。

山臺 尚子（yamadai　hisako）

研究所畢業後，歷經知名專利辦事處再進入GLOBIS。在消費財、IT、物流、運輸業界方面，為了解決行銷課題的人才養成體系構築支援，以及中期經營計畫、戰略實現的支援，以強化經營人才後補為目的，負責多數進修方案的企劃、實施。負責GLOBIS商學院講座開發的同時，作為思考系科目的進修講師登台授課。

大島 一樹（ooshima　kazuki）

東京大學法學部畢業後，經歷金融機關後進入GLOBIS，從事思考系科目的教材開發、講師等等。現在於GLOBIS出版局中，負責書籍的企劃、撰稿、編輯。共著書有『MBA定量分析與決策』、『修訂3版GLOBIS MBA批判性思考』（以上皆為鑽石社）等。

【監修】

吉田　素文（yoshida　motofumi）

GLOBIS商學院教授。立教大學研究所文學研究科教育學專攻碩士課程結業。倫敦商學院SEP（Senior Executive Program）結業。
歷經知名私鐵企業至現職。在GLOBIS中以理論思考、解決問題、溝通、經營戰略、領導能力、會計學等領域為中心，開發各種方案、目錄的同時，任職多數由GLOBIS所經營的研究所當中的講座，以及企業進修的行動學習講師。共著書有『MBA批判思考』（鑽石社）。

【作者】

GLOBIS

1992年設立以來，高舉著「在經營方面創造出「人」、「錢」、「智慧」的生態系，進行社會的創造與變革」這樣的理想，來推展各種事業。
GLOBIS有以下幾種事業。（http://www.globis.co.jp/）
● GLOBIS 商學院（東京、大阪、名古屋、仙台、福岡）
● GLOBIS 法人教育（法人向人才養成服務／日本、上海、新加坡）
● GLOBIS 資本合夥人（創投基金事業）
● GLOBIS 出版（出版／電子出版事業）
●線上經營情報誌「GLOBIS.JP」
●影片專門網站「GLOBIS.TV」
其他事業：
●一般社團法人 G1 高峰會（聯合經營）
●一般財團法人 KIBOW（震災復興支援活動）

職場進修系列叢書

向星巴克 CEO 學領導
15X21cm　　272 頁
單色　　定價 250 元

★本書作者曾擔任三家企業的社長。
★四年將營業額擴增一倍，連續 3 季經營轉虧為盈。
★獲選為 UCLA 商學院「100 Inspirational alumni」百大激勵人心校友！
七大原則告訴你，只要掌握員工的心，成為一流的經營者不再只是空想！

曾擔任三家知名企業 CEO 的岩田松雄，親自傳授所有經營者的 41 條鐵則！書中不會出現任何劃世代，甚至嶄新的詞語，因為作者極力推崇，所謂「往後的經營」，就是回到與新概念完全相反的「原理」及「原則」，並且去探究經營的「本質」。經營當中，最重要的就是「人事」。作者更不諱言，對於人事，是投資而非無謂的經費支出；不必制定詳細規則，培養員工獨立思考能力，造就不凡企業！頂尖經營者們有志一同的想即是，比起能力，「人品」永遠是最優先的考量！作者也擁有同樣的堅持，並且對於採用年輕新血一事，有一定的堅持！

所有你一定聽過卻未必會付諸行動的鐵則，現在岩田松雄教你實踐！是經營者的必須要看！想成為經營者的更是非看不可！領導不再是難事！

瑞昇文化　http://www.rising-books.com.tw
＊書籍定價以書本封底條碼為準＊
購書優惠服務請洽：TEL：02-29453191 或 e-order@rising-books.com.tw

1 小時讀懂 稻盛和夫
15X21cm　　192 頁
套色　　定價 280 元

「理念」與「熱忱」比能力還重要

先當好一個「人」，才能當好一個「生意人」！

36 句早知道就賺翻的黃金語錄，解開日本經營之聖的成功祕密！

被評選為日本最優秀的企業管理者．稻盛和夫告訴你何謂「稻盛哲學」？

針對想要快速變成專業的商務人士、沒時間看書、只想藉由圖片來理解，甚至只想從重點下手閱讀的人，本書利用淺顯易懂和圖文並茂的方式，一小時快速了解「稻盛哲學」。

從「京瓷理論」、「變形蟲式經營」，再到「JAL 的重建」，所有的商務原則，全都集結在此。稻盛和夫認為：①一切的基礎在於人之「正道」②比起能力、理念以及熱忱更能決定企業的未來。身為經營者，非看不可！

學習稻盛和夫並不會成為稻盛和夫。只要以稻盛的教誨為基礎，加上自己的創意與巧思，每個人都有可能成為「超越稻盛和夫的經營者（商務人士）」。這也是「絕世僅有的名經營者」稻盛和夫的心願。

瑞昇文化　http://www.rising-books.com.tw
＊書籍定價以書本封底條碼為準＊
購書優惠服務請洽：TEL：02-29453191 或 e-order@rising-books.com.tw

職場進修系列叢書

獲利革命　商業模式雙贏法

15X21cm　　352頁

單色　　定價280元

星野集團總裁星野佳路　真心推薦！

顧客任務 X 獲利革命 X 左右腦思考框架

既能滿足顧客又能讓公司獲利的方法！採取競爭策略無法戰勝大企業。

建構商業模式才是勇於挑戰的企業應該採取的最佳戰略！

專攻商業模式的企業管理學者出版作，使用真實的企業為案例。光是了解這些案例，就已經達到閱讀商業模式教科書的效果。本書也會介紹思考方法的理論基礎。如何執行計畫、如何建構商業模式，只要閱讀故事內容，就能了解其順序與做法。實際上如何從零開始設計商業模式，本書也會從頭開始一一介紹。

而本書最大的特徵，就是以故事的形式呈現。某些東西無法光靠理論傳達，書中的故事都是改編自筆者經手過的企業真實案例。換句話說，儘管是虛構的故事，可信度卻很高。讓你只看故事就能深刻了解商業模式的教科書，協助大家提升建構商業模式的力量！

〔本書當中出現的主要實例〕UNIQLO、Google、LINE、Dropbox、好事多、出版社 De AGOSTINI、模型公司 TAMIYA、北歐雜貨專賣店 Flying Tiger Copenhagen、美容除毛沙龍 MUSEE PLATINUM、電影《星際大戰》、膠囊咖啡機、P&G、現代汽車、西友集團等 20 個真實案例。

瑞昇文化　http://www.rising-books.com.tw

＊書籍定價以書本封底條碼為準＊

購書優惠服務請洽：TEL：02-29453191 或 e-order@rising-books.com.tw

職場進修系列叢書

孫正義都不知道的孫正義
15X21cm　464 頁
單色　定價 280 元

日本 Amazon 五星評價！讀者好評不斷！
不一樣的孫正義傳記，從童年成長、求學時期到創業至今
見證「孫正義」成就軟銀霸業的不凡足跡！

20 歲將翻譯機專利賣給夏普賺得 100 萬美金
22 歲在美國創立人生第一間公司
24 歲毅然割捨美國事業與成就，回到日本從零開始。進而創立了日本 SoftBank

在日跨足出版、電信、軟體、網路等各大事業，更著手於投資海外多家公司，將 IT 事業版圖擴及全世界。精準的投資眼光，令他曾超越比爾 ‧ 蓋茲，成為一天的世界首富！

大膽投資、豪賭不斷！

走在資訊革命最前線，放眼世界的男人！

從赴美求學、創立軟銀進軍網路與通訊事業、投資阿里巴巴。到成立自然能源協議會、發售社交機器人 Pepper……

本書將帶你一窺孫正義成就霸業的心路歷程！

瑞昇文化　http://www.rising-books.com.tw
＊書籍定價以書本封底條碼為準＊
購書優惠服務請洽：TEL：02-29453191 或 e-order@rising-books.com.tw

TITLE

菁英商學院教材 商業簡報SOP

STAFF

出版　瑞昇文化事業股份有限公司
作者　GLOBIS
監修　吉田素文
譯者　張俊翰

總編輯　郭湘齡
責任編輯　黃思婷
文字編輯　黃美玉　莊薇熙
美術編輯　朱哲宏
排版　靜思個人工作室
製版　大亞彩色印刷製版股份有限公司
印刷　桂林彩色印刷股份有限公司
　　　紘億彩色印刷有限公司
法律顧問　經兆國際法律事務所　黃沛聲律師

戶名　瑞昇文化事業股份有限公司
劃撥帳號　19598343
地址　新北市中和區景平路464巷2弄1-4號
電話　(02)2945-3191
傳真　(02)2945-3190
網址　www.rising-books.com.tw
Mail　resing@ms34.hinet.net

初版日期　2016年10月
定價　250元

國家圖書館出版品預行編目資料

菁英商學院教材：商業簡報SOP / Globis [作]；
張俊翰譯. -- 初版. -- 新北市：瑞昇文化, 2016.08
176　面；14.8X21　公分
ISBN 978-986-401-118-6(平裝)

1.簡報

494.6　105015443